Brainteaser für Anfänger und Fortgeschrittene

Yevgen Lantsuzovskyy

Brainteaser für Anfänger und Fortgeschrittene

220 Aufgaben mit Lösungen für Gehirnjogging und Logik-Skills

2., überarbeitete und erweiterte Auflage

 Springer

Yevgen Lantsuzovskyy
München, Deutschland

ISBN 978-3-658-39341-0   ISBN 978-3-658-39342-7 (eBook)
https://doi.org/10.1007/978-3-658-39342-7

Die Deutsche Nationalbibliothek verzeichnet diese Publikation in der Deutschen
Nationalbibliografie; detaillierte bibliografische Daten sind im Internet über http://
dnb.d-nb.de abrufbar.

Springer
© Springer Fachmedien Wiesbaden GmbH, ein Teil von Springer Nature 2020, 2022
Ursprünglich erschienen unter dem Titel: Brainteaser für Bewerbungsgespräche. 180
Übungen für Ihre Auffassungsgabe, Konzentration und Entscheidungskompetenz

Lektorat/Planung: Mareike Teichmann
Springer ist ein Imprint der eingetragenen Gesellschaft Springer Fachmedien
Wiesbaden GmbH und ist ein Teil von Springer Nature.
Die Anschrift der Gesellschaft ist: Abraham-Lincoln-Str. 46, 65189 Wiesbaden,
Germany

Vorwort zur zweiten Auflage

Nach dreijähriger Pause ist die zweite Buchauflage da. Dank Ihrer Ideen, Vorschläge und Anregungen wurden 40 neue Aufgaben erstellt und ein Extrakapitel mit grafischen Brainteasern geschrieben. Zudem wurden zehn Aufgaben zum Aufwärmen in das Buch aufgenommen und der theoretische Teil gekürzt.

Ein besonderes Highlight der zweiten Auflage sind die Flashcards. Die Flashcards sind digitale Karteikarten, mit denen Sie spielerisch Ihr Wissen trainieren können.

Zu erwähnen ist ein neues Design des Buchs. Neben der Anpassung des Buchumschlags wurden auch das Inhaltsverzeichnis und die Icons im Werk moderner gemacht. Der Name des Buchs wurde ebenso geändert, damit der Leserkreis noch intensiver und direkter angesprochen wird.

Vielen Dank für Ihr Vertrauen und Interesse an Brainteasern. Wir haben die zweite Auflage gemeinsam erstellt. Ich freue mich weiterhin auf Ihr Feedback und Ihre neuen Wünsche.

München, Deutschland   Yevgen Lantsuzovskyy

Vorwort zur ersten Auflage

Ein gutes Buch ist immer eine sichere Investition in die Zukunft. Und „Brainteaser für Bewerbungsgespräche" ist hiervon keine Ausnahme. 180 Aufgaben mit Lösungen bieten Ihnen ein breites Spektrum an analytischen, konzeptionellen und kreativen Fällen an. Ob Mathematik, Logik oder abstraktes Denken: Alles ist dabei. Für einige Zahlen, praxisnahe Themen und Spaß beim Lesen ist ebenfalls gesorgt.

Welches Ziel hat das Buch? Die Antwort ist einfach: Der Leser soll seine kognitiven Fähigkeiten trainieren, problemlos Zusammenhänge erkennen und sich auf Dauer nachhaltig entwickeln. Für Bewerber ist dieses Werk wie ein Visum an der Grenzkontrolle. Dank einer breiten Anzahl an Aufgaben, mehrerer Schwierigkeitsstufen und einer Vielfalt an Themen können Sie sich umfassend auf Denksportaufgaben vorbereiten. Daraus resultiert, dass Sie sich im Bewerbungsinterview weniger gestresst fühlen und bei der Lösung des Falls glänzen können.

Das Buch ist so konzipiert, dass es sowohl für Anfänger als auch für Fortgeschrittene geeignet ist. Alle Leser sollen mit dem Stoff zurechtkommen und ihren Nutzen daraus ziehen können. Die Lektüre richtet sich an verschiedene Altersgruppen, beinhaltet Aufgaben mit unterschiedlichen Schwierigkeitsstufen und bearbeitet Fälle aus diversen Lebensbereichen.

Die drei Meilensteine des Buchs sind: Theorie, Praxis und Probetests. Zusammen fördern sie Ihre Auffassungsgabe, Ihre Konzentration und Ihre Entscheidungskompetenz.

Also, starten Sie jetzt und seien Sie ein Teil der unglaublichen Welt der Brainteaser!

Ich heiße Sie willkommen,

Yevgen Lantsuzovskyy

Inhaltsverzeichnis

8   Trial and Error 65

9   Fangfragen 79

1

Zehn Aufgaben zum Aufwärmen

Brainteaser 1: Intelligenztest

Beim Ablegen eines Intelligenztests werden Franzi zwei Schachteln mit Murmeln vorgelegt. Die erste Schachtel hat drei weiße und die zweite enthält drei schwarze Murmeln. Nun muss Franzi ihre Augen zumachen und eine Murmel aus einer der beiden Schachteln ziehen. Falls das Mädchen eine weiße Murmel zieht, dann hat sie sofort den ersten Teil ihres Intelligenztests bestanden. Ansonsten muss sie eine weitere Aufgabe lösen. Vor dem Ziehen darf sie allerdings die Murmeln beliebig zwischen den Schachteln umverteilen. Was wäre hier die beste Strategie?

Brainteaser 2: Zweistellige Zahl

Tom hat in seinen alten Schulunterlagen eine Mathe-Aufgabe gefunden: „Gegeben ist eine zweistellige Zahl. Beim Verdoppeln dieser Zahl erhält man eine andere

© Springer Fachmedien Wiesbaden GmbH, ein Teil von
Springer Nature 2022
Y. Lantsuzovskyy, *Brainteaser für Anfänger und Fortgeschrittene*,
https://doi.org/10.1007/978-3-658-39342-7_1

zweistellige Zahl, zu der noch eine Zwei hinzufügt wird. Der sich ergebende Wert entspricht dann der ursprünglichen Zahl, jedoch umgekehrt geschrieben, z. B. 21 -> 12. Ferner weiß man, dass die erste ursprüngliche Zahl gerade und die zweite ungerade ist. Welche Zahl wurde am Anfang gegeben?"

Brainteaser 3: Versteckte Logik

14 = 18
35 = 310
53 = 56
41 = ?

Brainteaser 4: Und hier …?

162 = 1
384 = 3
597 = 1
689 = ?

Brainteaser 5: Der Bauer und das Boot

Der Bauer Otto möchte einen Fluss überqueren. Dabei hat er ein Schaf, einen Wolf und einen Sack mit Weißkohl bei sich. Das gefundene Boot ist sehr klein. Aufgrund des Gewichts darf Otto nur ein Tier oder den Sack mitnehmen. Leider kann er das Schaf mit dem Wolf nicht allein lassen, da der Wolf das Schaf töten würde. Zudem darf er das Schaf nicht mit dem Weißkohl alleine lassen, da es den Sack mit Weißkohl essen wird. Wie könnte Otto das Problem lösen und den Fluss mit den beiden Tieren und dem Sack Weißkohl überqueren?

Brainteaser 6: Aufzugsknopf

In einem dreistöckigen Haus befindet sich im ersten Stock ein Verlag, im zweiten Stock eine Fahrschule und im dritten eine Arbeitsagentur. Welcher Aufzugsknopf wird am häufigsten gedrückt?

Brainteaser 7: Weinkorken

Was kann man aus Weinkorken basteln? (7–10 Möglichkeiten)

Brainteaser 8: Schuh im Safe

Nach einem langen Hinflug übernachtet Eli im Hotel. Bevor sie schlafen geht, legt sie neben einigen Unterlagen auch einen Schuh in den Safe. Zuerst ist Eli sich unsicher, ob es eine gute Idee ist. Als sie am nächsten Tag das Hotel verlässt, merkt sie, dass es doch eine sinnvolle Entscheidung war. Sie ist nicht ausgeraubt worden und der Schuh ist nicht einzigartig. Warum hat Eli einen Schuh in den Safe gelegt?

Brainteaser 9: Mitarbeiterkonflikt

Seit fünf Jahren arbeiten Gabi und Rosi in der gleichen Abteilung. Bisher haben sie mehrere Kundenprojekte gemeinsam umgesetzt. Nun lädt Gabi ihre Arbeitskollegin nicht zu ihrer Hochzeit ein. Stattdessen schickt sie die Einladungen ein paar anderen Kollegen zu, mit denen sie mehr oder weniger so viel wie mit Rosi zusammengearbeitet hat. Nächste Woche kommt Gabi von ihrer Hochzeitsreise zurück. Wie sollte sich Rosi gegenüber Gabi verhalten?

Brainteaser 10: Moderne Technik

Bestimmen Sie den fehlenden Wert:

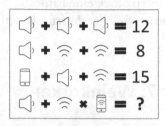

Lösungen zu den Aufgaben

❢ Brainteaser 1: Intelligenztest

Laut der Aufgabe ist es nicht verboten, dass nach der Umverteilung jede Schachtel eine verschiedene Anzahl an Murmeln hat. Daher soll Franzi in die erste Schachtel eine weiße Murmel und in die zweite die restlichen fünf Murmeln hineinlegen. Somit beträgt die Wahrscheinlichkeit, eine weiße Murmel aus der ersten Schachtel zu ziehen, genau 100 %. Bei der zweiten Schachtel ist sie 2/5 oder 40 %. Insgesamt liegt dann die Erfolgschance für Franzi, den ersten Teil ihres Intelligenztests zügig zu bestehen, bei 70 %. Es ist um 20 % mehr als vor der Umverteilung.

❢ Brainteaser 2: Zweistellige Zahl

Die Antwort ist 25. Im ersten Schritt weiß Tom, dass die gesuchte Zahl verdoppelt worden ist. Anschließend wurde zu ihr eine Zwei addiert. Mathematisch lässt es sich wie folgt abbilden:

$$2xy + 2 = 2(10x + y) + 2 = 20x + 2y + 2$$

Im zweiten Schritt soll er die ursprüngliche zweistellige Zahl umgekehrt schreiben.

$$xy \rightarrow yx = 10y + x$$

Falls Tom die beiden Teile gleichsetzt, erhält er

$$20x + 2y + 2 = 10y + x$$

$$19x = 8y - 2$$

Beim Einsetzen des ersten geraden Werts für x bekommt Tom, dass $x = 2$ und $y = 5$ sind.

♥ Brainteaser 3: Versteckte Logik

Die Antwort ist 42. Der Trick in dieser Aufgabe liegt darin, dass die erste Zahl immer gleichbleibt und die zweite Zahl sich verdoppelt. Zum Beispiel, bei 14 bleibt die erste Zahl gleich, also 1, und die zweite wird mit zwei multipliziert, 4 -> 8. Der Wert, der bei 41 stehen soll, ist 42.

♥ Brainteaser: 4: Und hier …?

Die Antwort ist 4. Und hier gibt es auch eine Logik. Jedoch zielt diese Aufgabe eher auf die Aufmerksamkeit. In der ersten Zeile steht links 162. Nur die Zahl Sechs hat einen eingegrenzten Bereich in sich. Daher steht rechts eine 1. In der zweiten Zeile haben die Acht und Vier zusammen drei eingeschlossene Bereiche. Daher steht rechts eine Drei. Um sicher zu sein, dass die Logik stimmt, schaut man die dritte Zeile an und sieht die Zahl Neun mit ihrem eingeschlossenen Bereich. Daher soll in der vierten Zeile rechts die Vier stehen, als Ergebnis auf die eingeschlossenen Bereiche der Zahlen Sechs, Acht und Neun.

Brainteaser 5: Der Bauer und das Boot

Der Bauer Otto soll den Fluss viermal überqueren. Beim ersten Versuch muss er den Fluss mit dem Schaf überqueren und den Wolf mit Weißkohl am Ursprungsufer lassen. Es besteht keine Tötungsgefahr und der Kohl wird vom Wolf nicht gefressen. Beim zweiten Versuch bringt Otto den Wolf auf die andere Flussseite, nimmt das Schaf mit und fährt wieder an das Ursprungsufer zurück. Beim dritten Versuch lässt der Bauer das Schaf am Ursprungsufer, nimmt den Sack mit Weißkohl mit und fährt erneut auf die andere Flussseite. Beim letzten vierten Versuch nimmt Otto das Schaf vom Ursprungsufer mit und bringt es ans Zielufer, wo es schon der Wolf und der Sack mit Weißkohl sind.

Brainteaser 6: Aufzugsknopf

Am häufigsten wird der Knopf Erdgeschoss gedrückt. Unabhängig von der Anzahl der Besucher im jeweiligen Büro müssen die Leute auch nach unten fahren.

Brainteaser 7: Weinkorken

Schmuck, Bilderrahmen, Fußmatte, Sessel, Deckenlampe, Pflanzengefäß, Stempel, Türstopper, Serviettenring, Ablage-Box, Schlüsselanhänger, Pinnwand, Griff für eine Schublade, Blumenvase, Untersetzer, Flaschenverschluss oder Stiftehalter.

Brainteaser 8: Schuh im Safe

Eli hat wichtige Unterlagen in den Safe gelegt. Beim Verlassen des Hotels wollte sie diese Dokumente nicht vergessen. Um sicher zu sein, dass es nicht passiert, hat sie auch einen von ihren Schuhen in den Safe gelegt. Somit war sie fester Überzeugung, dass sie am nächsten Tag beim Anziehen des ersten Schuhs an den zweiten denken wird.

❢ Brainteaser 9: Mitarbeiterkonflikt

Manchmal muss man die berufliche und private Ebene stark voneinander trennen. Durch mehrere Jahre der gemeinsamen Arbeit geht man davon aus, dass aus reinen kollegialen Beziehungen auch mehr offene und freundschaftliche Beziehungen entstehen. Deswegen tauscht man sich darüber aus, was man über eine oder die andere Situation denkt, wie der Urlaub war oder warum man an einem bestimmten Tag nicht zur Arbeit kommt.

Der Fall mit der Hochzeit hat Rosi gezeigt, wie Gabi sie wahrnimmt. Auch wenn es für Rosi bedauerlich ist, das erst jetzt zu verstehen, war es eine hilfreiche Situation für sie. Rosi soll sich überlegen, wie sie ihre Zusammenarbeit mit Gabi auf beruflicher und kollegialer Ebene weitergestaltet – ob es ab sofort feste Pflichten für jede von ihnen im Projekt geben sollen, ob Rosi künftig Gabi nicht mehr während ihres Urlaubs vertreten wird und ob sie noch gemeinsam Mittag essen. Es ist aber klar, dass Rosi nicht mehr verpflichtet ist, ihre Zeit in die Aufgaben zu investieren, die sie freiwillig und aus freundschaftlicher Absicht von Gabi übernommen hat.

❢ Brainteaser 10: Moderne Technik

Die Antwort ist 26. Die erste Gleichung liefert den Wert für ein Mikrofon von vier Einheiten. Die zweite Gleichung gibt den Wert für das WiFi von zwei Einheiten wieder. Die dritte Gleichung lässt den Wert für ein Handy von neun Einheiten berechnen. Die vierte Gleichung ist der Hackpunkt – zum Mikrofon muss das Produkt aus dem WiFi und dem Handy addiert werden. Zu beachten ist, dass das Handy mit einer WiFi-Funktion ist. Der fehlende Wert beträgt $4 + 2 \cdot (9 + 2) = 26$.

2

Was bringt mir dieses Buch?

Erster Einblick

Brainteaser sind kleine analytische, konzeptionelle oder kreative Rätsel. Sie werden zur Förderung des logischen Denkens, einer schnellen Auffassungsgabe und des mathematischen Wissens genutzt. Diese Rätsel dienen zur Steigerung Ihrer Intelligenz, Ihrer Konzentration und Ihrer Problemlösungsfähigkeit.

Warum sind Kanaldeckel rund? Was wird hier vermisst – J A S O N …? Wie groß ist der Winkel zwischen dem Stunden- und Minutenanzeiger um 15:15 Uhr? Dies sind einige Fragen, die ein Brainteaser-Anfänger vielleicht schon gehört und der Brainteaser-Fortgeschrittene bereits beantwortet hat.

Brainteaser werden oft in Interviews, als Freizeitbeschäftigung und allgemein beim Austausch mit Bekannten und Kollegen eingesetzt. Im Bewerbungsinterview gehören sie zu den typischen Aufgaben im Auswahl-

© Springer Fachmedien Wiesbaden GmbH, ein Teil von
Springer Nature 2022
Y. Lantsuzovskyy, *Brainteaser für Anfänger und Fortgeschrittene*,
https://doi.org/10.1007/978-3-658-39342-7_2

gespräch. Heutzutage ist es schwierig zu sagen, aus welchem Land die Denksportaufgaben stammen. Sie sind mit der Zeit jedoch so populär geworden, dass man sie auf verschiedenen Kontinenten und in mehreren Sprachen finden kann.

Viele Menschen mögen Brainteaser, andere hingegen fürchten sich vor ihnen. Niemand steht ihnen jedoch gleichgültig gegenüber. Einerseits sind Brainteaser verständlich und nachvollziehbar. Andererseits sind sie rätselhaft und beinhalten viele Tricks. In jedem Fall unterstützen Brainteaser das Gehirnjogging und bieten ein ausgezeichnetes Training für Ihr rationales Denken.

Brainteaser eignen sich für alle Altersgruppen. Wo der Anfänger nicht weiterkommt, schafft es der Fortgeschrittene. Manchmal funktioniert es sogar umgekehrt und der Anfänger entwickelt mit seinem frischen, jungen Verständnis eine erstklassige Lösung.

Ziel des Buches

Ziel des Buches ist, dass Sie sich als Leser aktiv und motiviert weiterentwickeln. Der Fokus liegt auf einer konsistenten Nutzung des Buches. Ob für ein schwieriges Vorstellungsgespräch, einen gemeinsamen Abend mit Bekannten oder ein interkulturelles Quiz: Sie sollen immer optimal vorbereitet sein.

Das Buch besteht aus drei Meilensteinen: Theorie, Praxis und Probetests.

- Die *Theorie* ist der Stoff der ersten drei Abschnitte. Hier werden Sie ins Thema eingeführt und schaffen die Basis zur effektiven Lösung von Brainteasern.

- Die *Praxis* ist der Stoff der nächsten vier Abschnitte. In diesen Kapiteln werden zahlreiche Brainteaser vorgestellt. Dabei sind die Rätsel in verschiedene Gruppen aufgeteilt, damit Sie einzelne Arten der Knobelaufgaben voneinander trennen können. Nur im letzten Praxisabschnitt werden alle dargestellten Gruppen zusammengefügt. Somit können Sie alle Aufgabenarten auf eine andere Weise erlernen.

- Die *Probetests* sind der Stoff des letzten Abschnitts. Es werden drei Probetests mit je einer Aufgabe zu jeder Art angeboten. Eine ausformulierte Lösung ist im Anschluss dabei.

Zusammengefasst ist es mir als Verfasser des Buches wichtig, dass es für Sie als Leser nützlich ist. Daher ist dieses Werk gut strukturiert, vielfältig und herausfordernd.

Als Käufer dieses Buches können Sie zudem kostenlos die Flashcard-App „SN Flashcards" mit Fragen zur Wissensüberprüfung und zum Lernen von Buchinhalten nutzen. Für die Nutzung folgen Sie bitte den folgenden Anweisungen:

1. Gehen Sie auf https://flashcards.springernature.com/login
2. Erstellen Sie ein Benutzerkonto, indem Sie Ihre Mailadresse angeben und ein Passwort vergeben.
3. Verwenden Sie den folgenden Link, um Zugang zu Ihrem SN-Flashcards-Set zu erhalten: ▶ https://sn.pub/8tGeJF

Sollte der Link fehlen oder nicht funktionieren, senden Sie uns bitte eine E-Mail mit dem Betreff „SN Flashcards" und dem Buchtitel an customerservice@springernature.com.

3

Strategie bei der Lösung von Brainteasern

Arten von Brainteasern

In der Praxis fällt es oft schwer, Brainteaser-Arten einer bestimmten Kategorie zuzuordnen. Der Grund hierfür ist einfach: Die Aufgaben können gleichzeitig zu mehreren Kategorien passen. Um die Verteilung möglichst einfach zu halten, kann man zwischen vier großen Brainteaser-Gruppen unterscheiden (vgl. Abb. 3.1).

1. Mathematisches Denken
Die erste Art besteht aus Aufgaben, bei denen Sie rechnen müssen:

- Analytische Brainteaser – Aufgaben ohne oder mit wenigen, einfachen Gleichungen.
- Konzeptionelle Brainteaser – Aufgaben mit relativ umfassenden Gleichungen.
- Folgen und Reihen – mathematische Fälle zu Konsequenzen und Reihenfolgen.

© Springer Fachmedien Wiesbaden GmbH, ein Teil von
Springer Nature 2022
Y. Lantsuzovskyy, *Brainteaser für Anfänger und Fortgeschrittene*,
https://doi.org/10.1007/978-3-658-39342-7_3

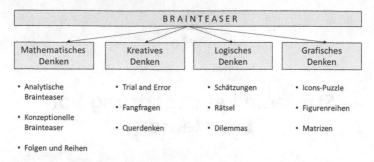

Abb. 3.1   Kategorien von Brainteasern

2. Kreatives Denken

Die zweite Art sind Aufgaben, bei denen Sie Ihre Geduld, Schlauheit oder Kreativität zeigen sollen:

- Trial-and-Error – vielseitige Aufgaben, bei denen Sie durch Ausprobieren zur Lösung kommen.
- Fangfragen – schlaue Fälle, in denen Sie die Lösung bereits in der Aufgabenstellung erkennen können.
- Querdenken – interessante Aufgaben, bei denen Ihre Kreativität gefragt ist.

3. Logisches Denken

Die dritte Art ist eine Mischung aus Schätzfragen, Rätseln und Dilemmas:

- Schätzung – quantitative Abschätzungen in Fällen, zu denen kaum Daten verfügbar sind.
- Detektiv-Rätsel – Aufgaben, bei denen Sie Ihre Detektivfähigkeiten präsentieren sollen.
- Dilemmas – Fragestellungen, auf die es keine falsche oder richtige Antwort gibt.

4. Grafisches Denken

Die vierte Art sind Aufgaben, die mithilfe von Bildern und Grafiken gestellt werden:

- Icons-Puzzle – spannende Fälle, bei denen man auf kleinste Details achten muss.
- Figurenreihen – Aufgaben, die den Folgen und Reihen aus dem Bereich „Mathematisches Denken" ähnlich sind, nur in grafischer Form.
- Matrizen – vielfältige Fälle, die eine bestimmte Logik haben und man sie erkennen soll.

Tipps zur Aufgabenlösung

Eine Aufgabe richtig zu lösen, ist nicht immer einfach. Insbesondere dann nicht, wenn Sie unter Zeitdruck stehen oder im Interview sind. Anbei sind fünf goldene Tipps, wie Sie sowohl ans Ziel kommen als auch Ihre Nervosität im Griff behalten.

1. **Machen Sie sich Notizen**
   Eine Aufgabe kann viele nützliche Informationen enthalten. Um einen guten Überblick über die Hauptpunkte zu erhalten, markieren Sie sich die Stellen auf dem Aufgabenblatt oder notieren Sie sich die wichtigsten Angaben auf einen extra Zettel.
2. **Analysieren Sie die Information**
   Überlegen Sie, was gefragt ist und welche Information Sie haben. Wenn noch irgendwelche Fragen offen sind, lesen Sie die Aufgabe erneut. Zudem hilft es, sich die Situation vorzustellen. Damit können Sie die Zusammenhänge schneller erkennen.

3. **Strukturieren Sie Ihren Lösungsweg**
   Es ist schön, sofort die Antwort zu wissen. Nur basieren Antworten auf einem bestimmten Lösungsweg. Strukturieren Sie Ihre Lösungsschritte und gehen Sie die einzelnen Schritte durch.
4. **Denken Sie kritisch**
   Hinterfragen Sie kritisch, ob Sie alle relevanten Informationen aus der Aufgabenstellung berücksichtigt haben. Gibt es etwas, was Sie noch beachten sollten?
5. **Erklären Sie Ihren Lösungsweg**
   Sind Sie von Ihrem Lösungsweg und dem Ergebnis überzeugt? Dann haben Sie es fast geschafft! Schauen Sie die im Buch vorgeschlagene Lösung an, um den Lösungsweg und die Antwort zu vergleichen. Im Interview müssen Sie begründen, wie und warum Sie zum jeweiligen Ergebnis gekommen sind. Ziel ist es, die ausgearbeiteten Lösungsschritte strukturiert zu präsentieren.

Bei *Schätzaufgaben* runden Sie die Zahlen ab oder auf. Arbeiten Sie mit einfachen bzw. bequemen Werten. Es ist *nicht* falsch, wenn Ihr Ergebnis vom tatsächlichen Ergebnis abweicht. Viel wichtiger ist es, einen passenden Lösungsweg zu finden und sein Gefühl für Zahlen unter Beweis zu stellen.

Daten und Zahlen

Die folgenden Daten und Zahlen liefern einen breiten Überblick über verschiedene Ereignisse. Sie geben ein gutes Gefühl zu nummerischen Werten und verschaffen ein gewisses Grundwissen zur Lösung von Schätzaufgaben. Zudem dienen sie als Unterstützung bei Brainteasern, in denen man verschiedene Einheiten umrechnen muss. Hierbei handelt es sich vor allem um konzeptionelle Aufgaben. Es ist nicht zu erwarten, dass man die ganze oder nur einen Teil der Information im Kopf behält. Die Angaben sollen eher zur produktiven Lösung des Falls beitragen.

Statistische Daten

a) DACH (Deutschland, Österreich und Schweiz)

Deutschland:	
Bevölkerung	83,8 Mio. (Frauen – 51 %, Männer – 49 %)
Bundesländer	16 Länder
Städte	Berlin – 3,7 Mio., Hamburg – 1,8 Mio. und München – 1,6 Mio.
Anzahl der Haushalte	41 Mio. (eine Person – 42 %, zwei oder mehr – 58 %)
Österreich:	
Bevölkerung	9 Mio. (Frauen – 51 %, Männer – 49 %)
Bundesländer	9 Länder
Städte	Wien – 1,9 Mio., Salzburg – 0,2 Mio. und Innsbruck – 0,1 Mio.
Anzahl der Haushalte	4 Mio. (eine Person – 37 %, zwei oder mehr – 63 %)
Schweiz:	
Bevölkerung	8,8 Mio. (Frauen – 51 %, Männer – 49 %)
Bundesländer	26 Kantone
Städte	Zürich – 0,4 Mio., Genf – 0,2 Mio. und Basel – 0,2 Mio.
Anzahl der Haushalte	3,7 Mio. (eine Person – 35 %, zwei oder mehr – 65 %)

b) EU

Bevölkerung	447 Mio.
Anzahl der Staaten	27 Länder
Eurozone	20 Länder
Städte	Paris – 11,2 Mio., Madrid – 6,7 Mio. und Rom – 4,3 Mio.
BIP	EU – 14,5 Bio. €, Eurozone – 12,3 Bio. €
Europatag	9. Mai

c) **Welt**

Anzahl der Staaten	195
Bevölkerung	8 Mrd. (China – 1,4 Mrd., USA – 333 Mio. und Russland – 145 Mio.)
Kontinente	Asien – 4,7 Mrd., Afrika – 1,4 Mrd., Europa – 740 Mio., Südamerika – 650 Mio., Nordamerika – 370 Mio., Australien und Ozeanien – 43 Mio.
Städte	Tokio – 39,1 Mio., New York – 20,9 Mio. und London – 11,2 Mio.
BIP der Länder	USA – 22 Bio. €, Japan – 4,9 Bio. € und Deutschland – 3,6 Bio. €

Umrechnungszahlen
a) **Längeneinheiten**

Kilometer (km)	1 km = 1000 m
Meter (m)	1 m = 100 cm
Zentimeter (cm)	1 cm = 10 mm
Millimeter (mm)	1 mm = 0,1 cm

b) **Gewichteinheiten**

Tonne (t)	1 t = 1000 kg
Kilo (kg)	1 kg = 1000 g
Gramm (g)	1 g = 1000 mg
Milligramm (mg)	1 mg = 0,001 g

c) **Zeitmessung**

Tag	24 Stunden, 1,440 Minuten oder 86.400 Sekunden
Monat	30 bzw. 31 Tage (Februar: 28 bzw. 29 Tage)
Jahr	12 Monate, 52 Kalenderwochen, 365 bzw. 366 Tage

4

Mathetipps und Übungsaufgaben

Mathetheorie

Rechenarten

Die Addition, Subtraktion, Multiplikation und Division sind Ihnen als die vier Rechenarten bekannt. Bei ihrer Anwendung ist auf die korrekte Reihenfolge bei der Nutzung zu achten, um zum richtigen Ergebnis zu kommen.

$$2 + 4 : 2 \cdot 4 - 2 = ?$$

Schritt 1: Multiplikation oder Division je nach Reihenfolge
Schritt 2: Addition oder Subtraktion je nach Reihenfolge

Als Antwort erhält man 8. Wenn man jedoch Klammern in einer Aufgabe hat, führt man zuerst alle Schritte in den Klammern und dann außerhalb der Klammern durch.

$$\left(2 + 4 : 2\right) \cdot 4 - 2 = ?$$

© Springer Fachmedien Wiesbaden GmbH, ein Teil von Springer Nature 2022
Y. Lantsuzovskyy, *Brainteaser für Anfänger und Fortgeschrittene*,
https://doi.org/10.1007/978-3-658-39342-7_4

Die richtige Antwort ist 14.

Wenn man noch mit dem **Minus-Zeichen** arbeiten muss, soll man beachten:

* **Addition/Subtraktion**

A und B sind negativ	dann ist C auch negativ $(-3) + (-4) = -7$
A und B sind mit unterschiedlichem Zeichen	dann ist C entweder positiv oder negativ $(-3) + 4 = 1$ oder $3 + (-4) = -1$

* **Multiplikation/Division**

A und B sind negativ	dann ist C positiv $(-3) \cdot (-4) = 12$
A und B sind mit unterschiedlichem Zeichen	dann ist C negativ $(-3) \cdot 4 = -12$

* **Häufiger Fehler**

Minus mal Minus ergibt Plus!	$(-3) - (-4) = (-3) + 4 = 1$
Zusammengefasst:	$2 \cdot (-2) - 3 : (-1) = ?$
Die richtige Antwort ist -1.	

Prozentrechnung

Jeder erinnert sich an Dezimalzahlen wie zum Beispiel 0,1, 0,2 usw. Man multipliziert die jeweilige Zahl mit 100 und schreibt ein Prozentzeichen % dahinter. Umgekehrt fällt das Prozentzeichen weg, wenn man die Zahl durch 100 teilt.

Übersicht

Beispiel 1
  0,5 = 50 %
  Beispiel 2
  1 % → 0,01
  Beispiel 3
  Die Umsätze einer Firma haben sich verdoppelt oder sind um 100 % gewachsen.

Dreisatz
a) Einfacher Dreisatz

Beim einfachen Dreisatz besteht ein proportionaler Zusammenhang zwischen den Variablen. Je mehr Einheiten es gibt, desto größer ist die Summe. Wenn zum Beispiel der Preis für 2 Busfahrten bei 5 € liegt, dann kosten 4 Fahrten 10 €.

$$2 \text{ Fahrten} - 5 \, €$$
$$4 \text{ Fahrten} - x \, €$$

Der gesuchte Wert ergibt sich durch die „diagonale" Multiplikation und beträgt:

$$x = \frac{4 \cdot 5}{2}$$

b) Umgekehrter Dreisatz

Beim umgekehrten Dreisatz besteht ein antiproportionaler Zusammenhang. Je mehr Einheiten es gibt, desto geringer ist die Summe. Wenn beispielsweise ein Handwerker eine Arbeit in 10 Stunden erledigt, dann brauchen 5 Handwerker für die gleiche Aufgabe 2 Stunden.

1 Handwerker – 10 Stunden

5 Handwerker – x Stunden

Der gesuchte Wert ergibt sich durch die „horizontale" Multiplikation und beträgt:

$$x = \frac{1 \cdot 10}{5}$$

Gleichungen

Bei Gleichungen mit Unbekannten muss die Anzahl der Gleichungen gleich der Anzahl der Unbekannten sein. Wenn es weniger Gleichungen als Unbekannte gibt, dann können nicht alle Unbekannten ermittelt werden. Wenn es dagegen mehr Gleichungen als Unbekannte gibt, dann kann jede Unbekannte mehrere Werte gleichzeitig haben.

Beispiel

1 l Milch und 2 kg Müsli kosten 5 €. Umgekehrt kosten 2 l Milch und 1 kg Müsli nur 4 €. Wie teuer sind ein Liter Milch und ein Kilo Müsli?

Angenommen, dass „x" der Preis für 1 l Milch und „y" der Preis für 1 kg Müsli ist. Dann erhält man das folgende Gleichungssystem:

$$\begin{cases} x + 2y = 5 \\ 2x + y = 4 \end{cases}$$

Die erste Gleichung ist nach x aufzulösen und in die zweite Gleichung einzusetzen. Als Ergebnis erhält man, dass 1 l Milch 1 € und 1 kg Müsli 2 € kostet.

Formeln zum Umfang und Flächeninhalt

a) Quadrat

$U = 4 \cdot a, A = a^2$

U – Umfang, A – Fläche und a – Seite.
Alle Seiten des Quadrats sind gleich lang.

b) Rechteck

$U = 2 \cdot a + 2 \cdot b, A = a \cdot b$

a und b sind nebeneinanderliegende Seiten. Die
gegenüberliegenden Seiten sind gleich lang.

c) Dreieck

$U = a + b + c, A = \dfrac{1}{2} hc$

c – Grundseite und h – Höhe, jeweils rechtwinklig zur
Grundseite.

d) Quader

Umfang und Grundfläche – siehe „Rechteck"

$V = a \cdot b \cdot c, V$ – Volumen

$M = 2(a \cdot c + b \cdot c), M$ – Mantelfläche

e) Kreis

$U = 2\pi r = \pi d, A = \pi r^2$

π – 3,14 (konstante Zahl), r – Radius und
d – Durchmesser

f) Kugel

Umfang – siehe „Kreis"

$V = \dfrac{4}{3}\pi r^3$, V – Volumen

g) Zylinder

Umfang und Grundfläche – siehe „Kreis" $M = 2\pi rh$,
  M – Mantelfläche
$V = \pi r^2 h, V$ – Volumen

Übungsaufgaben

Rechenarten

a) $4 \cdot 2 - 4 : 2$

b) $(2 + 6 \cdot 3) : 2 + 3$

c) $5 \cdot (3 \cdot 0,5 - 8,5) : 3,5$

d) $(-2) \cdot (-6) + (-3)$

e) $14 : (8 + (-4))$

f) $10 - (-15) : 5 \cdot 3$

Prozentrechnung

a) $0,01 \rightarrow \ldots \%$

b) $0,33 \rightarrow \ldots \%$

c) $1,00 \rightarrow \ldots \%$

d) $800 \% \rightarrow \ldots$

e) $15 \% \rightarrow \ldots$

f) $0,01 \% \rightarrow \ldots$

Dreisatz

a) 8 Schokokugeln kosten 5 €. Wie viel kosten 20 Kugeln?

b) Ein Auto benötigt auf einer 100 km langen Strecke 12 l Sprit. Wie viele Liter Sprit braucht das Fahrzeug für eine 40 km lange Strecke?

c) 3 Affen können 10 Bananen in 20 Sekunden fressen. Wie lange benötigen 5 Affen, um die gleiche Menge an Bananen zu verzehren?

d) 7 Bauarbeiter brauchen 4 Stunden, um Asphalt auf einer Fläche von 10 km^2 zu legen. Wie viele Bauarbeiter sind erforderlich, um die gleiche Arbeit in 14 Stunden zu erledigen?

e) 3 Schmiede benötigen 3 Tage, um 3 Goldringe zu schmieden. Wie viele Goldringe kann 1 Schmied in 9 Tagen machen?

f) 4 Bäcker können in 2 Stunden 6 Torten schmücken. Wie viel Zeit benötigen 5 Bäcker, um 30 Torten zu dekorieren?

Gleichungen

a) Zwei Packungen Bleistifte sind dreimal teurer als zwei Zeichenblöcke. Zusammen kosten die Gegenstände 8,00 €. Wie teuer sind eine Packung Bleistifte und ein Zeichenblock zusammen?

b) Eine Fahrt mit dem Bus ist 10 Minuten kürzer als eine Fahrt mit dem Fahrrad. Wenn man die Fahrt mit dem Bus und die Fahrt mit dem Fahrrad zusammenrechnet, kommt man auf 50 Minuten. Wie lange ist die Fahrt mit dem Fahrrad?

c) Wenn vom ersten Hund 7 Flöhe auf den zweiten Hund springen, dann haben die beiden die gleiche Anzahl an Flöhen. Wenn jedoch vom zweiten Hund 5 Flöhe auf den ersten springen, dann hat der erste Hund 3-mal mehr Flöhe als der zweite. Wie viele Flöhe hat jeder Hund?

d) Im Laden werden Fahrräder mit zwei und drei Rädern verkauft. Man weiß, dass das Verhältnis zwischen der Anzahl der Fahrräder mit zwei und drei Rädern 2 zu 1 ist. Insgesamt gibt es 140 Räder im Laden. Wie viele Fahrräder mit zwei und drei Rädern werden im Laden verkauft?

Formeln zum Umfang und Flächeninhalt

a) Der Flächeninhalt eines quadratförmigen Grundstücks beträgt 144 m². Welchen Umfang hat das Grundstück?

b) Ein Sportplatz hat eine rechteckige Form. Die erste Seite ist 50 m und die zweite ist 80 m lang. Nun entscheidet die Kommune, den Sportplatz zu erweitern. Nach dem Umbau ist die erste Seite um 20 m und die zweite um 10 m länger geworden. Wie groß ist die Differenz zwischen der neuen und der alten Fläche?

c) Gegeben ist ein rechtwinkliges Dreieck mit den Seiten AB, BC und AC. Der Winkel <ABC beträgt 90°. Die Kathete AB ist 6 m und die Kathete BC 8 m lang. Wie groß ist die Hypotenuse AC und die Fläche des Dreiecks?

d) Ein Haus hat eine Zylinderform. Der Durchmesser beträgt 20 m, die Höhe 100 m. Wie groß ist die Mantelfläche?

Lösungen zu Übungsaufgaben

❦ **Rechenarten**

a) 6
b) 13
c) −10
d) 9
e) 3,5
f) 19

❦ **Prozentrechnung**

a) 1 %
b) 33 %
c) 100 %
d) 8
e) 0,15
f) 0,0001

Dreisatz

a) Einfacher Dreisatz (je mehr Kugeln, desto höher der Preis)

$$8 \text{ Kugeln} - 5 \backslash \text{EUR}$$

$$20 \text{ Kugeln} - x \backslash \text{EUR}$$

$$x = \frac{20 \cdot 5}{8} = 12,50 \backslash \text{EUR}$$

b) Einfacher Dreisatz (je weniger Kilometer, desto weniger Liter Sprit)

$$100 \text{ km} - 12\,l$$

$$40 \text{ km} - x\,l$$

$$x = \frac{40 \cdot 12}{100} = 4,8\,l$$

c) Indirekter Dreisatz (je mehr Affen, desto weniger die Zeit)

$$3 \text{ Affen} - 20 \text{ Sekunden}$$

$$5 \text{ Affen} - x \text{ Sekunden}$$

$$x = \frac{3 \cdot 20}{5} = 12 \text{ Sekunden}$$

d) Indirekter Dreisatz (je mehr Stunden, desto weniger Arbeiter)

$$7 \text{ Bauarbeiter} - 4 \text{ Stunden}$$

$$x \text{ Bauarbeiter} - 14 \text{ Stunden}$$

$$x = \frac{7 \cdot 4}{14} = 2 \, \text{Bauarbeiter}$$

e) Einfacher Dreisatz

3 Schmiede – 3 Tage – 3 Goldringe

1 Schmied – 9 Tage – x Goldringe

- **Ausgangspunkt**
  3 Schmiede benötigen 3 Tage, um 3 Goldringe herzustellen.
- **Einfacher Dreisatz**
  3 Schmiede brauchen 1 Tag, um 1 Goldring herzustellen (je weniger Tage, desto weniger Goldringe).
- **Einfacher Dreisatz**
  1 Schmied benötigt 1 Tag, um $1/3$ Goldring zu machen (je weniger Schmiede, desto weniger Goldringe).
- **Einfacher Dreisatz**
  1 Schmied kann in 9 Tagen 3 Goldringe schmieden (je mehr Tage, desto mehr Goldringe).

f) Einfacher Dreisatz

4 Bäcker – 2 Stunden – 6 Torten

5 Bäcker – x Stunden – 30 Torten

- **Ausgangspunkt**
  4 Bäcker benötigen 2 Stunden, um 6 Torten zu schmücken.
- **Einfacher Dreisatz**
  4 Bäcker brauchen 1 Stunde, um 3 Torten zu dekorieren (je weniger Stunden, desto weniger Torten).

- **Einfacher Dreisatz**
  1 Bäcker kann in 1 Stunde $^3/^4$ der Torte schmücken (je weniger Bäcker, desto weniger Torten).
- **Einfacher Dreisatz**
  5 Bäcker können in 1 Stunde $^{15}/^4$ Torten vorbereiten (je mehr Bäcker, desto mehr Torten).
- **Einfacher Dreisatz**
  5 Bäcker benötigen für 30 Torten genau 8 Stunden (je mehr Torten, desto mehr Zeit).

Gleichungen

♦ **Lösung a)**

$$x = 2\,\text{Packungen Bleistifte}$$
$$y = 2\,\text{Zeichenblöcke}$$

$$\begin{cases} x = 3y \\ x + y = 8 \end{cases} \quad \begin{cases} x = 3y \\ 3x + y = 8 \end{cases} \quad \begin{cases} x = 3y \\ y = 2 \end{cases} \quad \begin{cases} x = 6 \\ y = 2 \end{cases}$$

$$\begin{cases} 2\,\text{Packungen Bleistifte} = 6 \\ 2\,\text{Zeichenblöcke} = 2 \end{cases} \quad \begin{cases} 1\,\text{Packung Bleistifte} = 3 \\ 1\,\text{Zeichenblock} = 1 \end{cases}$$

$$1\,\text{Packung Bleistifte} + \text{Zeichenblock} = 4\,\text{€}$$

♦ **Lösung b)**

$$x = \text{Fahrt mit dem Fahrrad}$$
$$y = \text{Fahrt mit dem Bus}$$

$$\begin{cases} x = y + 10 \\ x + y = 50 \end{cases} \quad \begin{cases} x = y + 10 \\ y + 10 + y = 50 \end{cases} \quad \begin{cases} x = y + 10 \\ y = 20 \end{cases} \quad \begin{cases} x = 30 \\ y = 20 \end{cases}$$

❢ Lösung c)

x = Anzahl der Flöhe beim ersten Hund

y = Anzahl der Flöhe beim zweiten Hund

$$\begin{cases} x - 7 = y + 7 \\ (x+5) = 3 \cdot (y-5) \end{cases} \quad \begin{cases} x = y + 14 \\ x + 5 = 3y - 15 \end{cases}$$

$$\begin{cases} x = y + 14 \\ y + 19 = 3y - 15 \end{cases} \quad \begin{cases} x = y + 14 \\ 2y = 34 \end{cases}$$

$$\begin{cases} x = y + 14 \\ y = 17 \end{cases} \quad \begin{cases} x = 31 \\ y = 17 \end{cases}$$

❢ Lösung d)

x = Anzahl der Fahrräder mit zwei Rädern

y = Anzahl der Fahrräder mit drei Rädern

$$\begin{cases} \dfrac{x}{y} = \dfrac{2}{1} \\ 2x + 3y = 140 \end{cases} \quad \begin{cases} x = 2y \\ 2x + 3y = 140 \end{cases}$$

$$\begin{cases} x = 2y \\ 7y = 140 \end{cases} \quad \begin{cases} x = 2y \\ y = 20 \end{cases} \quad \begin{cases} x = 40 \\ y = 20 \end{cases}$$

Formeln zum Umfang und Flächeninhalt
❢ Lösung a)

$$A = a^2 \Rightarrow a^2 = 144 \Rightarrow a = 12\,\text{m}$$
$$U = 4 \cdot a \Rightarrow 4 \cdot 12 = 48\,\text{m}$$

♦ **Lösung b)**

$$A = a \cdot b$$
$$A_1 = 50 \cdot 80 = 4.000 \, \text{m}^2$$
$$A_2 = \ 50 + 20 \ \cdot \ 80 + 10 \ = 70 \cdot 90 = 6.300 \, \text{m}^2$$
$$A_2 - A_1 = 6.300 - 4.000 = 2.300 \, \text{m}^2$$

♦ **Lösung c)**

Teil 1: Berechnung der Hypotenuse
Pythagoras Gleichung:

$$AC^2 = AB^2 + BC^2$$
$$AC^2 = 6^2 + 8^2 = 100$$
$$AC = 10 \, \text{m}$$

Teil 2: Berechnung der Fläche des Dreiecks

$$A = \frac{AB \cdot BC}{2}$$
$$A = \frac{6 \cdot 8}{2} = 24 \, \text{m}^2$$

♦ **Lösung d)**

$$M = 2\pi rh$$
$$d = 2r$$
$$M = \pi dh$$
$$M = 3,14 \cdot 20 \cdot 100 = 628 \, \text{m}^2$$

5

Analytische Brainteaser

Brainteaser 11: Neues Auto

Evi und Ben können nicht entscheiden, wer von ihnen heute mit ihrem neuen Auto fährt. Daher schlägt Evi vor, abwechselnd eine Zahl zwischen eins und zehn zu nennen. Die genannte Zahl wird dann zu allen bereits genannten Zahlen aufaddiert. Wer mit ihrer letzten Addition auf 100 kommt, ist der Sieger und darf das neue Auto nutzen. Was wäre hier die beste Strategie für Evi, um das Spiel zu gewinnen?

! Lösung

Um das Spiel zu gewinnen, muss Evi vor ihrem letzten Zug eine aufaddierte Zahl von mindestens 90 haben. Das ist nur möglich, wenn Ben eine Summenzahl von 89 hat und jetzt dran ist, seinen Zug zu machen. Als Folge wäre hier die beste und eine ziemlich einfache Strategie für Evi, wenn die Summe der Zahlen nach jedem abwechselnden Zug (= einmal Evi und einmal Ben) 11 beträgt. Somit kommt sie

© Springer Fachmedien Wiesbaden GmbH, ein Teil von
Springer Nature 2022
Y. Lantsuzovskyy, *Brainteaser für Anfänger und Fortgeschrittene*,
https://doi.org/10.1007/978-3-658-39342-7_5

leicht auf die Zahl 89 (12 -> 23 -> ... -> 78 -> 89). Um das zu erreichen, soll sie das Spiel mit einer Eins starten und sicherstellen, dass sie auf eine der folgenden Zahlen kommt (12, 23, 34, 45, 56, 67, 78, 89).

Brainteaser 12: Bilderrahmen

Aus einem Stück Holz stellt Leo einen Bilderrahmen her. Der verbliebene Anteil an Holz ist Abfall. Leo weiß, dass er aus dem Abfall von 4 Holzstücken einen weiteren Bilderrahmen herstellen kann. Wie viele Bildrahmen kann Leo produzieren, wenn er ursprünglich 16 Holzstücke hat?

Lösung

Im ersten Schritt fertigt Leo 16 Bilderrahmen aus 16 Holzstücken an. Als Ergebnis erhält er neben seinen 16 Bilderrahmen auch 16 Abfallanteile. Im zweiten Schritt kann er aus der Menge von je vier Abfallanteilen 4 weitere Bilderrahmen machen. Dadurch bekommt er zusätzliche 4 Bilderrahmen und 4 Abfallanteile. Aus dem verbliebenen Abfallanteil produziert Leo noch einen Bilderrahmen. Insgesamt kann der Mann 21 Bilderrahmen machen.

Brainteaser 13: Tafelkreide

Auf dem Tisch liegen drei Packungen mit weißer und roter Tafelkreide. In der ersten liegt nur weiße, in der zweiten nur rote und in der dritten weiße und rote Tafelkreide zusammen. Die Packungen sind geschlossen, von außen nicht durchsichtig und sehen alle gleich aus. Es ist bekannt, dass die Packungen mit „weiß", „rot" und „gemischt" beschriftet sind. Leider sind diese Beschriftungen falsch. Kann man mit einmaligem Ziehen einer Tafelkreide aus einer beliebigen Packung feststellen, welche Tafelkreide zu welcher Packung gehört?

❢ Lösung

Man nimmt eine Tafelkreide aus der Packung „gemischt". Da die Packung falsch beschriftet ist, beinhaltet diese entweder weiße oder rote Tafelkreide. Zur Vereinfachung wird angenommen, dass es weiße Tafelkreide ist. Jetzt weiß man, dass sich in der Packung „gemischt" nur weiße befindet und in der Packung „weiß" entweder rote oder bunte sein muss. Da jedoch alle Beschriftungen falsch sind, kann in der Packung „weiß" nur noch rote und in der Packung „rot" nur gemischte Tafelkreide sein. Wenn man der Ansicht ist, dass in der Packung „weiß" gemischte Kreide liegt, dann muss in der roten Packung „rote" Kreide sein. Das widerspricht jedoch der Aufgabenstellung, die besagt, dass alle Packungen falsch beschriftet sind.

Brainteaser 14: Schalter

Der Elektriker Max steht vor drei Zimmern, in denen es jeweils eine Glühbirne gibt. Die Lichtschalter befinden sich außerhalb dieser drei Räume, jeweils weit von den Zimmern entfernt. Daher muss Max hin- und hergehen, um herauszufinden, welcher der Schalter zu welcher Glühbirne gehört. Gibt es eine andere, schnellere Möglichkeit, um herauszufinden, welcher Schalter mit welchem Zimmer verbunden ist?

❢ Lösung

Zunächst schaltet Max die ersten beiden Schalter an und lässt den dritten aus. Dabei ist der erste Schalter nur kurz anzumachen und der zweite länger. Dadurch wird die erste Glühbirne ein bisschen heiß, die zweite noch heißer und die dritte bleibt kalt. Dann muss der Elektriker in die einzelnen Zimmer gehen und die Glühbirne vorsichtig anfassen.

Brainteaser 15: Hausschilder

In einer Stadt wurden 60 neue Häuser gebaut. Als es zur Beschilderung kam, brachte die Gebietsverwaltung die Hausschilder mit den Nummern 1 bis 60 an. Wie oft trifft man die Ziffer 5 in den angefertigten Hausschildern?

♀ Lösung

In den Hausschildern von 1 bis 49 findet man die Ziffer 5 genau fünfmal (5, 15, 25, 35 und 45). In den Schildern von 50 bis 60 kommt die jeweilige Zahl jedes Mal einmal vor. Die Ausnahme ist 55, da sie hier zweimal erscheint. Daher taucht die Zahl 5 in den Schildern von 50 bis 60 elfmal auf. Insgesamt trifft man die Ziffer 5 genau 16 Mal.

Brainteaser 16: Zahlenoperator

In einer Reihe sind Zahlen von 16 bis 153 aufgeschrieben. Jede Minute führt der Zahlenoperator eine der folgenden Operationen durch: Falls die Zahl mit einer Null endet, dann wird sie durch 10 geteilt. Ansonsten wird von der Zahl eins subtrahiert. Der Prozess läuft sieben Minuten lang. Welche maximale Zahl erhält man nach Ablauf der Zeit?

♀ Lösung

Jede zwei- oder dreistellige Zahl, bei der am Ende eine Sieben oder eine kleinere Ziffer steht, wird in sieben Minuten kleiner als 150/10 = 15. Jede andere zwei- oder dreistellige

Zahl, bei der am Ende eine Acht oder eine größere Ziffer steht, wird in den nächsten sieben Minuten nur um sieben Ziffern geringer. Die maximale Zahl, die man nach dem Zeitablauf haben kann, ist die Ziffer 149. Nach sieben Minuten wird diese Ziffer 142 betragen.

Brainteaser 17: Flugzeugtreppe

Rosi wartet in der Mitte einer Flugzeugtreppe, bis die vor ihr stehenden Passagiere ins Flugzeug kommen. Nach einer Weile steigt sie 5 Stufen auf und merkt, dass ein Taschentuch aus ihrer Jackentasche gefallen ist. Sie geht 8 Stufen nach unten, um das Taschentuch zu holen. Nach einer Weile steigt sie die restlichen 15 Stufen bis zum Ende der Flugzeugtreppe auf und geht letztendlich ins Flugzeug. Wie viele Stufen hat die Flugzeugtreppe?

◆ Lösung

Am Anfang befindet sich Rosi in der Mitte „M" der Flugzeugtreppe. Sie steigt 5 Stufen auf M+5. Danach geht sie 8 Stufen herunter auf M-3. Nach einer Weile steigt sie 15 Stufen auf M+12 und ist ganz oben auf der Flugzeugtreppe angelangt. Somit hat die Treppe 12 Stufen von der Spitze bis zu ihrer Mitte. Dementsprechend gibt es auch 12 Stufen vom Boden bis zur Mitte. Insgesamt hat die Treppe 12 + 12 + 1 = 25 Stufen. Die eine Stufe ist die Stufe in der Mitte, wo Rosi ursprünglich stand.

Brainteaser 18: Winkelgrad

In einer Matheprüfung wurde Alex gefragt, wie groß der Winkel zwischen dem Stunden- und Minutenanzeiger um 15:15 Uhr ist. Nach einer Überlegung stellte er seine

Armbanduhr auf 15:15 Uhr und berechnete den Winkel.
Wie groß ist der gefragte Winkel?

❗ Lösung

Die Uhr bewegt sich im Kreis, der 360 Grad hat. Daher ist
der Winkel zwischen den Stundenanzeigern 30 Grad
(= 360/12). Um 15:15 Uhr liegt der Stundenanzeiger
ca. einen oder zwei Striche nach der Ziffer 3, während
der Minutenanzeiger noch direkt auf der Ziffer 3 ist. Der
gesuchte Winkel beträgt ungefähr ein Viertel davon, wie er
zwischen den einzelnen Stundenanzeigern hat, also
ca. 7,5 Grad.

Brainteaser 19: Bankräuber

Vier Räuber haben eine Schweizer Bank überfallen. In
ihrem Versteck versuchen sie das Geld nach der folgenden
Regel aufzuteilen: Räuber 1 muss das Geld so aufteilen,
dass die Mehrheit der Diebe einverstanden ist. Wenn die
Mehrheit nicht zustimmt, dann wird er getötet und Räuber
2 darf eine neue Aufteilung vorschlagen, die wiederum von
der verbliebenen Mehrheit akzeptiert werden muss. Diese
Vorgehensweise wird so lange angewendet, bis einer der
Räuber die Mehrheit hat. Die Räuber sind nicht kooperativ
und geldgierig. Welche Strategie soll Räuber 1 auswählen,
um die Mehrheit der Stimmen zu gewinnen und eine möglichst große Geldmenge bei sich zu behalten?

❗ Lösung

Räuber 1 muss überlegen, wie gut die Chancen der anderen
Räuber sind, ihre Geldaufteilungsidee durchzusetzen. Am
einfachsten ist es, von hinten anzufangen:

Fall 1

Wenn nur zwei Räuber übrigbleiben, also Räuber 3 und Räuber 4, wird Räuber 4 alle Vorschläge von Räuber 3 ablehnen. Damit erhält Räuber 3 keine Mehrheit, wird getötet und Räuber 4 kassiert alles selbst ein.

Fall 2

Wenn 3 Räuber bleiben, also Räuber 2, Räuber 3 und Räuber 4, dann wird Räuber 3 alles akzeptieren, was Räuber 2 vorschlägt. Ansonsten erhält Räuber 3 kein Geld (s. Fall 1). Da Räuber 2 das weiß, gibt er Räuber 3 eine Geldeinheit und gewinnt dadurch die Mehrheit (Räuber 2 und Räuber 3 gegen Räuber 4).

Fall 3

Wenn es vier Räuber gibt, also Räuber 1, Räuber 2, Räuber 3 und Räuber 4, weiß Räuber 1, dass Räuber 2 seinen Vorschlag ablehnen wird (s. Fall 2). Daher muss Räuber 1 irgendwie Räuber 3 und Räuber 4 an sich ziehen. Das ist möglich, wenn er Räuber 3 und Räuber 4 mehr Geld anbietet als im Fall 2. Räuber 2 soll zwei anstatt einer Geldeinheit erhalten und Räuber 1 eine Geldeinheit anstatt nichts. Daher gewinnt Räuber 1 die Mehrheit (Räuber 1, Räuber 3 und Räuber 4 gegen Räuber 2) und behält einen überwiegenden Anteil am gestohlenen Geld.

Brainteaser 20: Macaron unter drei

Magda und Paula haben sich getroffen, um über Jungs zu quatschen und gemeinsam das französische Süßgebäck Macaron zu essen. Magda hat fünf Stücke und Paula sechs Stücke mitgebracht. Nun kommt eine weitere Bekannte, Anna, vorbei und die drei Mädels genießen beim Plaudern das

Süßgebäck zusammen. Jede isst die gleiche Stückanzahl. Nach dem gemeinsamen Verzehr will sich Anna an den Kosten beteiligen. Wie muss der Beitrag unter den drei Mädels aufgeteilt werden, damit es gerecht ist?

❢ Lösung

Bei elf Stück und drei Personen isst jede 11/3 Macaron. Magda hat fünf Stück, also 15/3, mitgebracht und hat davon 11/3 verzehrt. Den verbliebenen Anteil von 4/3 Macaron hat sie Anna gegeben. Paula hat sechs Stück, also 18/3, mitgebracht und hat davon 11/3 gegessen. Die restlichen 7/3 Macaron hat Anna aufgegessen. Daher hat Magda vier Teile und Paula sieben Teile zur Mahlzeit Annas beigetragen. Als Folge erhält Magda vier Geldeinheiten und Paula sieben Geldeinheiten von Anna.

Brainteaser 21: Falsche Rechnung

In einem österreichischen Lokal haben drei Touristen regionale Spezialitäten bestellt. Nach dem Essen haben sie vereinbart, die Rechnung von 45 € gleichanteilig zu zahlen. Kurz vor dem Verlassen der Gaststätte merkt der Lokalinhaber, dass die Rechnung falsch ist und eine nicht bestellte Portion Apfelstrudel im Wert von 4 € in Rechnung gestellt wurde. Der Lokalinhaber bittet den Kellner, den Fehlbetrag zu erstatten. Da der Kellner schlau ist, rechnet er im Kopf, dass die drei Touristen 4 € untereinander nicht aufteilen können. Daher gibt er den Touristen 3 € anstatt 4 € zurück und lässt sich 1 € als „Servicegebühr" bezahlen. Nun hat jeder Tourist nach Erhalt des einen Euros insgesamt 14 € bezahlt, das sind zusammen 42 €. Die Touristen wissen, dass der Kellner 1 € bei sich behalten hat. Daher kommen sie insgesamt auf 43 € und nicht auf 45 €, die ursprünglich bezahlt wurden. Wie kam das zustande und was ist mit der Differenz von 2 €?

♦ Lösung
Der Trick bei der Aufgabe liegt in der falschen Anwendung der Additions- und Subtraktionsregel. Am Anfang haben die Touristen 45 € bezahlt. Nach der Erstattung von 3 € kam es zur Zahlung von 42 €. An dieser Stelle muss man nicht addieren, sondern subtrahieren, da der Unterschied zwischen der ursprünglichen Rechnung und der Rechnung ohne Apfelstrudel 41 € ist. Somit ist der verbliebene 1 € die Differenz zwischen 41 €, die man eigentlich zahlen musste, und 42 €, die man letztendlich bezahlt hat.

Brainteaser 22: Busfahrplan

Eva fährt mit dem Fahrrad eine Busstrecke entlang. Auf der Strecke verkehrt ein Linienbus, der zwei Dörfer miteinander verbindet. Alle 10 Minuten überholt sie ein Bus von hinten und alle 15 Minuten kommt einer entgegen. In welchem Takt fährt der Linienbus, wenn Eva mit konstanter Geschwindigkeit fährt und es keine Änderungen im Busfahrplan gibt?

♦ Lösung
Es macht Sinn anzunehmen, dass Eva eine Stunde lang hin und eine Stunde lang zurückfährt. Bei der Hinfahrt überholen Eva 6 Linienbusse in einer Stunde. Wenn sie anschließend zurückfährt, kommen 4 Busse vorbei. Insgesamt trifft Eva 10 Busse in 2 Stunden. Das heißt, dass die Linienbusse im 12-Minuten-Takt fahren.

Brainteaser 23: Experiment

Lars wirft einen Ball aus einem Meter Höhe. Ziel ist es zu zählen, wie viele Sprünge er macht, bevor er zum Stillstand kommt. Der Ball hat allerdings eine Besonderheit. Beim Berühren des Bodens springt er einen halben Weg zurück. Wie viele Sprünge macht der Ball, bevor er endgültig zur Ruhe kommt?

♦ Lösung

Beim Werfen des Balls kommt er zuerst auf die Höhe 0,5 Meter zurück, danach auf 0,25 Meter usw. Jedes Mal wird der Abstand zwischen dem Sprungpunkt und dem Boden kleiner. Irgendwann kommt es zur Situation, dass Lars nicht mehr erkennen kann, wie groß die Differenz zwischen den beiden Punkten ist. Der Abstand wird sehr gering und die Augen können keine Sprünge mehr zählen. Daher ist es unmöglich, eine klare Antwort zu geben, ohne spezielle Messgeräte für das Experiment zu nutzen. Da der Ball immer wieder zurückspringt, wird es noch lange dauern, bis er letztendlich zur Ruhe kommt.

Brainteaser 24: Kamele

Nach dem Tod hinterlässt ein alter Ägypter seinen drei Kindern elf Kamele. Laut Testament muss das erste Kind die Hälfte, das zweite ein Viertel und das dritte ein Sechstel aller Kamele erhalten. Wie können die Kinder die Tiere aufteilen, damit jeder seinen Teil am Erbe bekommt?

♦ Lösung

Bei einer ungeraden Anzahl an Kamelen ist es schwierig, die lebendigen Tiere in die Hälfte, ein Viertel oder ein Sechstel aufzuteilen. Damit macht es Sinn für die Erben, ein fiktives Kamel hinzufügen, damit man auf die gerade Anzahl an Tieren kommt. Als Folge erhält das erste Kind von den 12 Kamelen 6 Stück, das zweite 3 Stück und das dritte 2 Stück. In der Summe kommt man auf 11 Kamele, die der Vater in seinem Testament hinterlassen hat.

Brainteaser 25: Familienfoto

Beim Besuch bei seiner Oma sieht der Enkel ein Kinderfoto an der Wand. Als er sie nach dem Namen fragt, antwortet die Oma rätselhaft: „Die Mutter des abgebildeten Mädchens ist die Tochter meiner Mutter." Wen hat die Oma gemeint?

❢ Lösung

Am besten ist es, Omas Satz in zwei Teile zu zerlegen: (1) „die Mutter des abgebildeten Mädchens" und (2) „die Tochter meiner Mutter". Die erste Aussage macht deutlich, dass es sich um die Mutter-Tochter-Beziehungen handelt. Die zweite Aussage lässt ableiten, dass es die Oma selbst ist. Wenn man beide Schlussfolgerungen vergleicht, stellt sich heraus, dass die Oma an der Wand das Foto ihrer eigenen Tochter, also der Mama des Enkels hat. Somit sieht der Enkel, wie seine Mama in der Kindheit aussah.

6

Konzeptionelle Brainteaser

Brainteaser 26: Hühner und Eier

Bauer Sigfried ist mit einem Problem konfrontiert: Seine 3 Hennen legen an 3 Tagen 3 Eier. Wie viele Eier legt eine Henne am Tag?

♦ Lösung

Ein Ei denkt man sofort. Jedoch würde dann der Bauer kein Problem haben. Aus der Aufgabe ist erkennbar, dass es sich um einen Dreisatz handelt. Wenn 3 Hennen an 3 Tagen 3 Eier legen, dann legen 3 Hennen an einem Tag genau ein Ei (einfacher Dreisatz, weniger Tage → weniger Eier). Das führt dazu, dass eine Henne an einem Tag 1/3 Eier legt (weniger Henne → weniger Eier). Praktisch ist das nicht möglich, jedoch weiß Bauer Sigfried nun, wie produktiv seine 3 Hennen sind.

© Springer Fachmedien Wiesbaden GmbH, ein Teil von Springer Nature 2022
Y. Lantsuzovskyy, *Brainteaser für Anfänger und Fortgeschrittene*,
https://doi.org/10.1007/978-3-658-39342-7_6

Brainteaser 27: Bauarbeiter

5 Bauarbeiter benötigen 5 Stunden, um 5 Verkehrsschilder aufzustellen. Wie viele Stunden brauchen 10 Bauarbeiter, um 4 Verkehrsschilder zu positionieren?

? Lösung
Wenn 5 Bauarbeiter 5 Stunden Zeit benötigen, um 5 Verkehrsschilder zu montieren, dann benötigen 5 Bauarbeiter eine Stunde, um ein Verkehrsschild aufzustellen (einfacher Dreisatz, weniger Stunden → weniger Verkehrsschilder). Daraus folgt, dass ein Bauarbeiter in einer Stunde 1/5 Verkehrsschild aufstellt (weniger Bauarbeiter → weniger Verkehrsschilder). Als Folge können 10 Bauangestellte in einer Stunde 2 Verkehrsschilder aufstellen (mehr Bauarbeiter → mehr Verkehrsschilder). Das bedeutet, dass 10 Angestellte für die Positionierung von 4 Verkehrsschildern 2 Stunden benötigen (mehr Verkehrsschilder → mehr Stunden).

Brainteaser 28: Melonengewicht

Eine Melone wiegt 800 g und besteht zu 98 % aus Wasser. Beim Liegen in der Sonne verliert sie Wasser, sodass sie nur noch zu 95 % aus Wasser besteht. Wie viel wiegt die Melone nach einem Sonnenbad?

? Lösung
Vor dem Sonnenbad beträgt der Wasseranteil der Melone 98 %. Daher liegt der Nicht-Wasser-Anteil bei 2 % oder 16 g. Nach dem Sonnenbad steigt der Nicht-Wasser-Anteil von 2 % auf 5 %. Das reale Gewicht des Nicht-Wasser-Anteils an sich hat sich jedoch nicht geändert. Es beträgt weiterhin 16 g. Als Resultat ist das neue Gewicht der Melone 320 g (= 16/0,05), also fast 2,5-mal weniger als vorher.

Brainteaser 29: Wie alt ist Jan?

Das Wunderkind Jan wurde gefragt, wie alt er ist. Der Junge antwortete: „In vier Jahren werde ich doppelt so alt sein, wie ich vor vier Jahren war". Wie alt ist Jan?

☞ Lösung

Angenommen, dass Jan derzeit x Jahre alt ist. In vier Jahren wird er $x + 4$. Vor vier Jahren war er dann $x - 4$. Wenn man die beiden Informationen gleichstellt, erhält man $x + 4 = 2 \cdot (x - 4)$. Nach der Lösung der Gleichung ergibt sich, dass Jan zurzeit 12 Jahre alt ist.

Brainteaser 30: Kleiner Gauß

In der Schule hat Gauß eine Aufgabe erhalten, die Summe aller Zahlen von 1 bis 100 zu berechnen. Bereits in wenigen Minuten konnte der Schüler das Ergebnis liefern. Da es im XIX. Jahrhundert war, hatte Gauß nur ein Blatt Papier und einen Stift. Wie hat er das geschafft?

☞ Lösung

Gauß hat gemerkt, dass die Summe aus Zahlen 1 und 100, 2 und 99 usw. bis 50 und 51 zum gleichen Resultat, nämlich 101, führt. Insgesamt waren es 50 Zahlenpaare. Daher hat er 101 mit 50 multipliziert und kam auf den Wert von 5.050.

Brainteaser 31: Goldmünzen

Es gibt sechs Säcke mit Goldmünzen. In fünf Säcken liegen echte Goldmünzen à 5 Gramm. Im sechsten Sack sind nur gefälschte Münzen à 4 Gramm. Wie kann man anhand einer grammgenauen Küchenwaage und einmaligem Wiegen bestimmen, in welchem Sack welche Münzen liegen?

⚲ Lösung

Zuerst sollten die einzelnen Säcke nummeriert werden. Danach sind aus jedem Sack so viele Münzen zu entnehmen, wie die Nummer des jeweiligen Sacks lautet. Das heißt, aus dem ersten Sack soll man 1 Münze, aus dem zweiten Sack 2 Münzen usw. entnehmen. Insgesamt wird man bei 6 Säcken 21 Münzen haben. Wären alle Münzen aus echtem Gold, dann würden die 21 Münzen 105 Gramm wiegen. Da es gefälschte Münzen gibt, wiegen die 21 Münzen weniger. Der Unterschied wird genau um den Wert abweichen, den die Nummer des jeweiligen Sacks darstellt. Wenn man zum Beispiel davon ausgeht, dass die gefälschten Goldmünzen im zweiten Sack liegen, dann werden 2 Münzen aus dem zweiten Sack entnommen und zusammen mit den restlichen 19 Münzen gewogen. Die 21 Münzen werden dann anstatt 105 nur 103 Gramm wiegen. Die Differenz zwischen 105 und 103 ist die Nummer des Sacks, aus dem die falschen Goldmünzen stammen.

Brainteaser 32: Central Tower

Eine Reinigungsagentur hat den Auftrag erhalten, die Fenster des Central Towers, eines zylinderförmigen Glasgebäudes, zu reinigen. Die Agentur weiß, dass das Gebäude einen Durchmesser von 32 Metern und eine Höhe von 90 Metern hat. Erfahrungsgemäß weiß die Agentur, dass sie sich ca. eine Minute Zeit nimmt, um einen Quadratmeter eines Fensters zu reinigen. Wie viel Zeit muss die Reinigungsagentur einplanen, um alle Fenster des Central Towers von außen zu putzen?

⚲ Lösung

Am Anfang soll die Reinigungsagentur bestimmen, wie groß die Mantel-/Außenfläche des Central Towers ist. Wenn sie diese Information hat, dann kann sie die Reinigungszeit ermitteln.

Die Mantelfläche eines Zylinders ergibt sich aus der Multiplikation des Umfangs der Grundfläche (u) mit der Höhe (h), also $M = u \cdot h$. Ein Zylinder hat eine kreisförmige Grundfläche, die $u = 2\pi r = \pi d$ beträgt. r ist der Radius der Grundfläche, π ist die konstante Kreiszahl 3,14 und d ist der Durchmesser. Da die Agentur den Durchmesser kennt, beträgt der Umfang des Central Towers ca. 100 m und die Mantelfläche 9.000 m². Bei einer Reinigungsgeschwindigkeit von einer Minute pro Quadratmeter würde es 9.000 Minuten oder ca. 6,25 Tage dauern, die Fenster des Central Towers von außen zu putzen. Wenn man von einer durchschnittlichen Arbeitszeit von acht Stunden pro Tag ausgeht, dann sind es fast 19 Tage.

Brainteaser 33: Swimmingpool

Ein Swimmingpool hat drei Wasserhähne. Der erste Hahn benötigt drei Stunden, um den Pool zu füllen. Der zweite braucht fünf Stunden und der dritte sieben Stunden. Wie lange dauert es, den Swimmingpool vollständig zu füllen, wenn man alle drei Wasserhähne gleichzeitig öffnet?

♦ Lösung

Jeder Wasserhahn hat seine Geschwindigkeit, mit der er den Swimmingpool füllt. Daher sollte zuerst berechnet werden, wie viel Wasser in den Pool aus drei Wasserhähnen zusammen in einer Stunde fließt. Der erste braucht drei Stunden, der zweite fünf Stunden und der dritte sieben Stunden, um alleine den gesamten Swimmingpool zu befüllen. Daraus folgt, dass in einer Stunde der erste Hahn 1/3, der zweite 1/5 und der dritte 1/7 des Swimmingpools füllt. Insgesamt können drei Wasserhähne zusammen

$$\frac{1}{3} + \frac{1}{5} + \frac{1}{7} = \frac{71}{105}$$

des Swimmingpools in einer Stunde befüllen. Wenn man weiß, wie viel Wasser in einer Stunde aus drei Hähnen in den Pool fließt, dann kann man die Zeit für die gesamte Füllung berechnen. Da in einer Stunde drei Hähne 71/105 des Swimmingpools befüllen, brauchen die drei Hähne zusammen 105/71 Stunden, um die Arbeit komplett zu erledigen. Das bedeutet, dass der Pool in ca. anderthalb Stunden voll ist.

Brainteaser 34: Pommes mit Schnitzel

In einer Studentenmensa kosten Pommes mit Schnitzel 3 €. Das Schnitzel ist 1 € teuer als die Pommes. Wie teuer sind Pommes und Schnitzel separat?

ꜟ Lösung
Angenommen, dass Pommes x € kosten. Dann ist für das Schnitzel $x + 1$ € zu zahlen. Zusammen ergibt sich der Preis von $x + (x + 1)$ € für das gesamte Gericht. Laut der Aufgabe kostet das Menü 3 €. Wenn man die Gleichung nach x auflöst, kommt man zum Ergebnis, dass die Pommes 1 € und das Schnitzel 2 € kosten.

Brainteaser 35: Bettler-Geschäft

In seinem Forschungsprojekt will Jakob herausfinden, wie viel Geld ein professioneller Bettler auf der Straße bekommt. Daher kleidet er sich als Hilfsbedürftiger und bettelt einige Tage in der Innenstadt. Insgesamt hat er 180 Münzen gesammelt, die zusammen einen Wert von 60 € haben. Als Jakob alle Münzen angeschaut hat, hatte er nur 20-Cent- und 50-Cent-Münzen. Wie viele 20-Cent- und 50-Cent-Stücke hat Jakob erwirtschaftet?

Lösung

Man nimmt an, dass x die Anzahl der 20 Cent- und y die Anzahl der 50 Cent-Münzen darstellt. Daher hat Jakob $20x$ und $50y$ Geldstücke generiert. Wenn man ein Gleichungssystem aufstellt, erhält man

(1) $x + y = 180$
(2) $0{,}2\,x + 0{,}5y = 60$

Die Lösung der Gleichung ergibt, dass Jakob 100 Stück von 20 Cent- und 80 Stück von 50 Cent-Münzen gesammelt hat.

Brainteaser 36: Zaun

Die Familie Stich besitzt ein quadratisches Feld zum Selbstpflücken. Dieses Feld ist durch einen Zaun eingekreist, der 100 Meter lang ist. Nun beschließt die Familie, das benachbarte Grundstück zu kaufen. Daher wird die Gesamtfläche vervierfacht. Wie viel Meter Zaun muss die Familie noch erwerben, um das gesamte Selbstpflückfeld einzugrenzen?

Lösung

Beim quadratischen Feld sind alle Seiten gleich lang. Daher beträgt eine Seite des ursprünglichen Selbstpflückfelds 25 m. Die Gesamtfläche des Quadrats ergibt sich durch Multiplikation von zwei beliebigen Seiten der Figur und ist gleich 625 m². Durch den Ankauf eines weiteren Grundstücks wurde die ursprüngliche Gesamtfläche vervierfacht. Das heißt, dass die neue Fläche nun 2500 m² beträgt. Dies führt dazu, dass jede Seite 50 m lang ist und die vier Quadratseiten zusammen 200 m betragen. Da die Familie schon einen Zaun von 100 m hat, braucht sie nur noch einen weiteren Zaun von 100 m zu erwerben, um ihr gesamtes Selbstpflückfeld vollständig einzugrenzen.

Brainteaser 37: Fanartikel

Die US-amerikanische Nationalmannschaft spielt gegen Italien in Rom. Während der ersten Halbzeit verkauft Flavio die Hälfte seiner Fanartikel. In der Pause gelingt es ihm, weitere 30 Fanartikel abzusetzen. In der zweiten Halbzeit läuft sein Geschäft weniger attraktiv. Daher verkauft er nur 1/6 des verbliebenen Bestands und muss die restlichen 40 Fanartikel nach Hause zurückbringen. Wie viele Fanartikel hatte Flavio am Anfang?

❢ Lösung

In der zweiten Halbzeit hat Flavio 1/6 des verbliebenen Bestands an seinen Fanartikeln verkauft. Das heißt, dass die nach Hause zurückgebrachten 40 Artikel 5/6 des verbliebenen Bestands darstellen. Daher beträgt der Warenbestand zu Beginn der zweiten Halbzeit 48 Artikel. Nun weiß man, dass in der ersten Halbzeit bereits die Hälfte aller Fanartikel verkauft wurde. Dies führt dazu, dass die 30 Einheiten, die in der Pause abgesetzt wurden, und die gerade ermittelten 48 Artikel zusammen die zweite Hälfte aller Fanartikel beschreiben. Somit hatte Flavio insgesamt 156 Artikel, von denen 78 Einheiten in der ersten Spielhälfte, 30 in der Pause und 8 in der zweiten Spielhälfte verkauft wurden.

Brainteaser 38: Töchter

Zehn Jahre nach ihrem BWL-Studium treffen sich Andi und Chris wieder. Andi erzählt über seine Familie und seine drei Töchter. Als Chris ihn über das Alter der Kinder fragt, sagt er: „Wenn man die einzelnen Lebensalter miteinander multipliziert, erhält man 24." Erstaunt schaut Chris Andi an und bittet um weitere Informationen. Andi führt fort: „Die Summe der Alterszahlen seiner Töchter ist nicht größer als 11 und die jüngere Tochter ist fast so alt wie die mittlere." Wie alt sind Andis Töchter?

❢ Lösung

Zuerst bildet man alle Zahlenkombinationen, die zu 24 führen:

(1) 1 24 (Summe: 26)
(2) 2 12 (Summe: 15)
(3) 3 8 (Summe: 12)
(4) 4 6 (Summe: 11)
(5) 2 6 (Summe: 10)
(6) 3 4 (Summe: 9)

Insgesamt gibt es sechs Kombinationen. Da mehrere Möglichkeiten gegeben sind, hilft der zweite Hinweis Andis zu bestimmen, welche von den Alternativen zutreffend ist. Laut Andi ist die Summe der Alterszahlen nicht größer als 11. Somit stellen die vierte, fünfte und sechste Kombination die geeignetsten Optionen dar. Da es noch offen ist, wie alt die Töchter sind, bringt der zusätzliche Hinweis von Andi Klarheit. Laut seiner Aussage ist die jüngere Tochter fast so alt wie die mittlere. Das ist nur bei der sechsten Option der Fall. Als Ergebnis ist die jüngste 2, die mittlere 3 und die älteste Tochter 4 Jahre alt.

Brainteaser 39: Briefmarken

Die Zwillinge Bettina und Jörg haben eine Sammlung von wertvollen Briefmarken. Wenn Bettina ihrem Bruder fünf Briefmarken gibt, dann haben die beiden die gleiche Anzahl an Briefmarken. Falls umgekehrt Jörg seiner Schwester fünf Briefmarken gibt, besitzt Bettina zweimal mehr Marken als Jörg. Wie viele Briefmarken haben die Zwillinge zusammen?

❢ Lösung
Die Erstellung eines Gleichungssystems hilft, die ganze Information richtig darzustellen. Der Vereinfachung halber nimmt man an, dass Bettina x und Jörg y Briefmarken haben. Wenn Bettina ihrem Bruder fünf Briefmarken gibt $x - 5$, dann ist die Anzahl der Marken zwischen den Geschwistern gleich verteilt. Wenn Jörg seiner Schwester fünf Briefmarken gibt $y - 5$, dann hat Bettina zweimal mehr.

(1) $x - 5 = y + 5$
(2) $x + 5 = 2 \cdot (y - 5)$

Die Lösung des Gleichungssystems ergibt, dass Bettina 35 und Jörg 25 Briefmarken hat. Zusammen haben die Zwillinge 60 Stück.

Brainteaser 40: Zugangscode

Ein Spion hat die Aufgabe erhalten, ins Geheimlabor des Feindes einzudringen und die technischen Daten eines neuen Giftgases herauszufinden. Von seinem Informanten erfährt der Spion, dass der vierstellige Zugangscode wie folgt konfiguriert ist: Die Summe der ersten und der dritten Zahl ist gleich fünf. Die Differenz zwischen der zweiten und der vierten Zahl ist zwei. Die erste Zahl beträgt zehn abzüglich des doppelten Wertes der vierten Zahl. Die Summe aller vier Zahlen beläuft sich auf 17. Wie lautet der vierstellige Zugangscode?

❦ Lösung

Die Angaben im Text machen deutlich, dass es sich um vier Gleichungen mit vier Unbekannten handelt. Der Spion muss ein Gleichungssystem aufstellen, das wie folgt aussieht:

(1) $x_1 + x_3 = 5$
(2) $x_2 - x_4 = 2$
(3) $x_1 = 10 - 2x_4$
(4) $x_1 + x_2 + x_3 + x_4 = 17$

Wenn der Spion das Gleichungssystem löst, erhält er die Werte
$x_1 = 0, x_2 = 7, x_3 = 5$ und $x_4 = 5$.

Lösung

Die Summe im Text lässt sich durch diese Näherung als Gleichung umschreiben. Einkommen wird behandelt. Der beim Investitionsbetrag von solcher und so folgt man sein,

(1)
(2)
(3)

Wenn der eigene das Einführungsvermögen thematisch so die Wachst.

7

Folgen und Reihen

Brainteaser 41: 1 – 4 – 9

Welche Zahl soll als Nächstes in der Reihenfolge kommen?
1 – 4 – 9 – 16 – 25 – __

Lösung

Bei der Bildung von Zahlendifferenzen erhält man 3, 5, 7 und
9. Man erkennt, dass es sich um ungerade Zahlen handelt, die
wachsen und keine Zahlensprünge aufweisen. Daher soll
die nächste Differenz 11 betragen. Die gesuchte Zahl ist 36.

Brainteaser 42: 5 – 8 – 14

Gibt es eine Logik hier? 5 – 8 – 14 – 26 – 50 – __

Lösung

Die Differenz zwischen den Zahlen ist gleich 3, 6, 12 und
24. Man sieht, dass sich die vorherige Zahl verdoppelt.

© Springer Fachmedien Wiesbaden GmbH, ein Teil von
Springer Nature 2022
Y. Lantsuzovskyy, *Brainteaser für Anfänger und Fortgeschrittene*,
https://doi.org/10.1007/978-3-658-39342-7_7

Daher muss die nächste Differenz 48 betragen. Die fehlende Zahl ist daher 98.

Brainteaser 43: 7 – 12 – 9

Gegeben sind die Zahlen 7 – 12 – 19 – 30 – 43 – __ . Die letzte Zahl fehlt. Welche ist es?

💡 Lösung

Hier geht es um Primzahlen. Es ist ersichtlich, dass die Differenz zwischen den einzelnen Zahlen ungerade ist und die jeweiligen Werte nur durch eins und sich selbst teilbar sind. Nach der Bildung von Zahlendifferenzen erhält man 5, 7, 11 und 13. Als Nächstes muss die Differenz 17 sein – die fehlende Zahl ist demnach 60.

Brainteaser 44: 25 – 22 – 26

Im Interview erhält man die Aufgabe, die folgende Reihenfolge zu vervollständigen: 25 – 22 – 26 – 21 – 27 – __ . Welche Zahl fehlt noch?

💡 Lösung

Die erste Zahl ist größer als die zweite und die zweite ist kleiner als die dritte. Das Gleiche wiederholt sich noch einmal. Die Differenz zwischen den einzelnen Ziffern ist -3, 4, -5 und 6. Man sieht, dass die ungeraden Zahlen mit Minuszeichen und die geraden mit Positivzeichen versetzt sind. Zudem ist leicht zu erkennen, dass die negativen Zahlen sinken und die positiven steigen. Daher muss die nächste Differenz -7 betragen. Die gesuchte Zahl soll 20 sein.

Brainteaser 45: 2 – 4 – 12

Welches Ordnungsprinzip steckt dahinter? 2 – 4 – 12 – 48 – __ .

🌢 **Lösung**

Jede nachfolgende Zahl wird zwei-, drei- oder viermal größer als die vorherige. Die versteckte Logik ist hier x2, x3 und x4. Daher muss die nächste Zahl fünfmal größer als die davorstehende Ziffer sein. Der gesuchte Wert ist dann 240.

Brainteaser 46: 7–6–12

Gib es einen Trick in dieser Reihenfolge? 7 – 6 – 12 – 9 – 36 – __

🌢 **Lösung**

Die Differenz zwischen der ersten und der zweiten Zahl ist -1, zwischen der zweiten und der dritten +6. Wenn man die weiteren Zahlen analysiert, merkt man, dass dort der Unterschied -3 und 27 ist. Der Trick liegt darin, dass zuerst von der ersten Zahl 1 subtrahiert wird, also 7 - 1 = 6. Das, was man erhält, wird dann mit 2 multipliziert, nämlich 6 × 2 = 12. Danach werden von der erhaltenen Zahl drei subtrahiert, 12 - 3 = 9, und das, was man erhält mit 4 multipliziert, 9 × 4 = 36. Es kommt zum System -1 × 2 -3 × 4. Daher muss die fehlende Zahl 31 betragen.

Brainteaser 47: 3 – 6 – 1

Welche Zahl muss noch eingetragen werden? 3 – 6 – 1 – 2 – (–3) – __

♦ Lösung

Die Differenz zwischen den einzelnen Zahlen ist 3, -5, 1 und -5. Man sieht sofort, dass -5 jedes zweite Mal vorkommt. Wenn man die Ziffer in der Reihenfolge noch einmal anschaut, merkt man, dass die zweite Ziffer zweimal größer als die erste ist. Beispielsweise ist die zweite Zahl 6 eine reine Verdoppelung der ersten Zahl 3. Die Logik, die dahinter steckt, ist ×2 -5 ×2 -5. Die fehlende Zahl beträgt dann -6. Falls man auf die Idee kommt, die gebildeten Differenzen 3 und 1 zu vergleichen und anzunehmen, dass die nächste Differenz -1 sein soll, würde man eine weitere Lösung finden. Dann müsste die fehlende Zahl -4 betragen.

Brainteaser 48: 120 – 60 – 20

Kann man hier eine Reihenfolge erkennen? 120 – 60 – 20 – 5 – __

♦ Lösung

Die nachfolgende Zahl wird immer kleiner als die vorherige. Ohne etwas zu berechnen, erkennt man, dass die zweite Zahl zweimal kleiner als die erste, die dritte dreimal geringer als die zweite und die vierte viermal kleiner als die dritte ist. Die nächste Zahl muss dann fünfmal kleiner als die vierte sein und ist demzufolge gleich 1.

Brainteaser 49: 2 – 6 – 15

Auf dem Blatt Papier stehen die Zahlen 2 – 6 – 15 – 31 – __ . Welche Zahl fehlt?

❗ **Lösung**

Die Zahlen weisen einen aufsteigenden Charakter auf. Die Bildung der Differenzen ergibt 4, 9 und 16. Man merkt, dass es sich hier um eine Potenzrechnung handelt, und zwar 2^2, 3^2 und 4^2. Die fehlende Zahl ist 56, was die Summe aus 31 und 5^2 ist.

Brainteaser 50: 64 – 8 – 9

Gibt es einen Trick in der Reihenfolge? 64 – 8 – 9 – 3 – 4 – __

❗ **Lösung**

Die erste Zahl fällt stark, dann steigt sie wieder etwas. Das wiederholt sich noch einmal. Die Differenz zwischen den einzelnen Zahlen ist -56, 1, -6 und 1. Man sieht sofort, dass die Ziffer 1 jedes zweite Mal vorkommt. Die anderen beiden Zahlen sind negativ und sinken. Aus der vorgegebenen Reihenfolge ist ersichtlich, dass 8 die Wurzel aus 64 und 3 die Wurzel aus 9 ist. Die versteckte Logik ist hier $\sqrt{x}$ + 1 $\sqrt{x}$ + 1. Die nächste Zahl in der Reihenfolge soll die Wurzel aus 4 sein, nämlich 2.

Brainteaser 51: Passwort

Christian will einen Safe aufbrechen. Auf dem Display erscheinen eine Reihe von Ziffern. Nur die letzte Zahl fehlt: 10 – 4, 15 – 8, 20 – 7, 25 – __ . Was muss eingetragen werden?

❗ **Lösung**

Die erste Zahl ist eine vorgegebene Ziffer. Die zweite Zahl zeigt die Anzahl der Buchstaben in der jeweiligen Ziffer an. Beispielsweise hat die Zahl 10 vier Buchstaben und die Zahl 15 acht Buchstaben. Bei 25 sind es 14 Buchstaben.

Brainteaser 52: Welcher Tag ist gemeint?

Welcher Tag war gestern, wenn in drei Tagen der Tag nach Montag ist?

⚑ Lösung

Am einfachsten wäre es, zuerst auf das heutige Datum zu kommen. Von dort aus ist es leicht, die Antwort auf die gestellte Frage zu finden. Daher soll man am Anfang den zweiten Teil des Satzes analysieren und danach den ersten. Aus dem zweiten Satzteil – „(…) in drei Tagen, der Tag nach Montag (…)" – erfährt man, dass in drei Tagen Dienstag ist. Da dies erst in drei Tagen erfolgt, heißt das, dass heute Samstag ist. Nun kommt der erste Satzteil ins Spiel – „Welcher Tag war gestern (…)?". Da heute Samstag ist, war gestern Freitag.

Brainteaser 53: Rund um die Welt

Gegeben sind fünf Städte: Boston, Frankfurt, Hangzhou, Melbourne, _____ . Welche Stadt muss dazukommen?

⚑ Lösung

Die ersten Buchstaben des Worts sind Konsonanten des deutschen Alphabets. Dabei sind sie in alphabetischer Reihenfolge aufgelistet und jede Stadt stellt einen bestimmten Kontinent dar. Nach Melbourne soll eine beliebige Stadt kommen, die mit N, P usw. beginnt und dabei einen anderen Kontinent repräsentiert, beispielsweise Nairobi für Afrika oder Paramaribo für Südamerika.

Brainteaser 54: Abkürzungen

Im Mittagsmenü eines Lokals sind mehrere Gerichte angeboten. Einige davon sind preislich günstig und mit den Abkürzungen M D M D versehen. Was bedeuten diese Abkürzungen?

♥ Lösung
Die Abkürzungen M D M D stehen für die Wochentage, an denen das jeweilige Gericht billiger verkauft wird. Dementsprechend steht M für Montag, D für Dienstag, M für Mittwoch und D für Donnerstag.

Brainteaser 55: Hausaufgabe

In einer Sprachschule nimmt Tamara am Sprachquiz teil. Als Aufgabe erhält sie eine Reihe an Buchstaben J A S O N ___ . Dabei muss sie bestimmen, welche Wörter hinter den Buchstaben versteckt sind und welcher Buchstabe bzw. welches Wort noch einzutragen ist. Kann jemand Tamara helfen?

♥ Lösung
Die einzelnen Buchstaben sind die Monate eines Jahres. Man fokussiert sich auf die zweite Jahreshälfte und fängt mit Juli an. Der fehlende Buchstabe ist D, der für Dezember steht.

8

Trial and Error

Brainteaser 56: Wassermenge bestimmen

Die Chemikerin Maja benötigt für ihre Untersuchung 4 Liter Wasser. Sie hat jedoch nur ein 3-Liter- und ein 5-Liter-Gefäß. Wie kann Maja genau 4 Liter Wasser abmessen, um ihr Forschungsprojekt fortzuführen?

❢ Lösung

Im ersten Schritt füllt Maja das 3-Liter-Gefäß mit Wasser und kippt den Inhalt ins 5-Liter-Gefäß. Im zweiten Schritt wiederholt sie das Gleiche noch einmal. Als Ergebnis ist das große Gefäß voll und das kleine hat nur einen Liter Wasser. Im dritten Schritt soll Maja das 5-Liter-Gefäß leeren und es mit dem verbliebenen Liter Wasser aus dem 3-Liter-Gefäß füllen. Im vierten und letzten Schritt muss die Chemikerin das 3-Liter-Gefäß wieder mit Wasser befüllen und alles ins 5-Liter-Gefäß kippen, in dem sich schon ein Liter Wasser befindet. Am Ende hat sie die benötigten 4 Liter Wasser.

© Springer Fachmedien Wiesbaden GmbH, ein Teil von
Springer Nature 2022
Y. Lantsuzovskyy, *Brainteaser für Anfänger und Fortgeschrittene*,
https://doi.org/10.1007/978-3-658-39342-7_8

Brainteaser 57: Brennende Seile

Gegeben sind zwei magische Seile, die jeweils eine Stunde brennen. Die Geschwindigkeit, mit der sie abbrennen, ist nicht gleich. Zum Beispiel kann ein Seil bereits nach 30 Minuten zu 95 % abgebrannt sein, während das andere nur zu 10 % abgebrannt ist. Wie kann man anhand der beiden Seile genau 45 Minuten bestimmen?

❢ Lösung

Man zündet die beiden Seile an, wobei das erste Seil sowohl vorne als auch hinten und das zweite nur an einem Ende brennt. Nach 30 Minuten ist das erste Seil komplett und das zweite nur zur Hälfte abgebrannt. Nun zündet man das zweite Seil am anderen Ende an. Nach weiteren 15 Minuten ist das zweite Seil auch völlig abgebrannt. Insgesamt sind also 45 Minuten vergangen.

Brainteaser 58: Flussüberquerung

Die Familie Baack fährt mit dem Auto auf eine Insel, um dort einen schönen Tag zu verbringen. Beim Erreichen der Brücke sieht sie einen Aushang mit dem Hinweis, dass die Brücke vorübergehend geschlossen ist. Daher beschließt die Familie, ein mitgenommenes Boot zu nutzen, um den Fluss zu überqueren. Man weiß, dass das Boot bis zu 130 kg hält. Der Vater wiegt 90 kg, die Mutter 75 kg und die beiden Söhne je 60 kg. Wie kann die Familie Baack den Fluss überqueren?

❢ Lösung

Vom Gefühl her ist es unrealistisch, dass ein Boot eine so geringe Maximalbeladung hat. Auch wenn nur eine so geringe Beladung des Bootes vorgegeben ist, kann die Aufgabe dennoch gelöst werden. Im ersten Schritt überqueren die beiden Söhne den Fluss (120 kg). Dann bleibt einer von ihnen auf der Insel und der andere fährt zurück. Im zweiten Schritt überquert der Vater alleine (90 kg) den Fluss und der Sohn, der auf der Insel geblieben ist, kehrt zur Mutter und zum Bruder zurück. Im dritten Schritt wiederholt man die Schritte eins und zwei noch einmal. Anstatt des Vaters ist nun die Mutter (75 kg) dran. Im vierten und letzten Schritt fahren erneut die beiden Söhne über den Fluss. Als Resultat hat nun die komplette Familie die Insel erreicht.

Brainteaser 59: 9 Golfbälle wiegen

Für die kommende Saison hat Adrian neun Golfbälle gekauft. Kurz darauf erfährt er, dass einer der Bälle schwerer als die restlichen acht ist. Von außen sehen alle Golfbälle gleich aus und der Gewichtsunterschied zwischen den Bällen ist sehr gering. Wie kann Adrian mittels grammgenauer Balkenwaage und zweimaligem Wiegen bestimmen, welcher der Golfbälle der schwerste ist?

❢ Lösung
Zunächst teilt Adrian die neun Golfbälle in drei Gruppen je drei Stück auf. Danach wiegt er eine Dreier-Gruppe gegen die andere Dreier-Gruppe und lässt die verbliebene Gruppe beiseite. Als Folge erhält Adrian beim erstmaligen Wiegen zwei mögliche Fälle: (1) die Waage ist ausgeglichen oder (2) die Waage ist nicht ausgeglichen.

Fall 1:

Ist die Waage ausgeglichen, dann befindet sich der gesuchte Golfball in keiner der Waagschalen. Der schwerste Ball ist in der verbliebenen, noch nicht gewogenen Dreier-Gruppe.

Fall 2:

Ist die Waage nicht ausgeglichen, dann liegt der Ball in der Waagschale, und zwar in der Dreier-Gruppe in der tiefliegenden Seite.

Als Nächstes muss Adrian die einzelnen Golfbälle aus der jeweiligen Dreier-Gruppe gegeneinander abwiegen. Dabei muss er die gleiche Logik wie beim ersten Wiegen verfolgen. Das heißt, zwei Einzelgolfbälle sind gegeneinander zu wiegen und der dritte Ball ist zur Seite zu legen. Am Ende muss nur überprüft werden, ob die Waage ausgeglichen ist und wo sich der schwerste Ball befindet.

Brainteaser 60: 12 Golfbälle wiegen

Für die nächste Saison hat Adrian zwölf Golfbälle gekauft. Kurz danach erfährt er, dass einer der Bälle schwerer oder leichter als die anderen elf ist. Der Gewichtsunterschied ist so gering, dass dafür eine grammgenaue Balkenwaage benötigt wird. Wie kann Adrian mit dreimaligem Wiegen bestimmen, welcher der Golfbälle der schwerste oder der leichteste ist, wenn von außen alle Bälle identisch sind?

❢ Lösung

Zunächst teilt Adrian zwölf Golfbälle in drei Gruppen je vier Bälle auf. Dann legt er die erste Vierer-Gruppe in die Waagschale A und die zweite Vierer-Gruppe in die Waagschale B. Anschließend wiegt er die beiden Schalen gegeneinander ab. Als Ergebnis erhält er zwei Fälle: (1) Die Waage ist ausgeglichen oder (2) die Waage ist nicht ausgeglichen.

Fall 1:

Ist die Waage ausgeglichen, dann befindet sich der gesuchte Golfball in der dritten Vierer-Gruppe, die noch nicht gewogen ist. Daher legt Adrian drei der vier nicht gewogenen Golfbälle in die Waagschale A und lässt drei der vier bereits gewogenen Golfbälle in der Waagschale B. Als Folge erhält er zwei weitere Optionen: (1) Die Waage ist weiterhin ausgeglichen oder (2) die Waage neigt sich auf eine der Seiten.

Option 1

Ist die Waage weiterhin ausgeglichen, dann befindet sich der gesuchte Golfball in keiner der Waagschalen. Das ist genau der vierte Ball, der in der dritten Vierer-Gruppe lag und nicht gewogen wurde. Jetzt weiß Adrian, um welchen Ball es sich handelt. Er muss noch bestimmen, ob der Ball schwerer oder leichter als die anderen ist. Daher nimmt er diesen Ball und wiegt ihn gegen einen beliebigen Ball ab.

Option 2

Neigt sich die Waage auf eine der Seiten, dann liegt der gesuchte Golfball in der Waagschale A. Falls Schale A schwerer als Schale B ist, dann ist der gesuchte Ball schwerer als die anderen. Ansonsten ist der Ball leichter. Nun müssen nur noch die drei Golfbälle in Schale A gegeneinander abgewogen werden. Dafür wiegt man einen Ball gegen den anderen ab und legt den dritten beiseite. Wenn die beiden Waagschalen gleichbleiben, dann ist der gesuchte Ball der dritte Ball. Falls eine der Schalen schwerer oder leichter als die andere ist, dann bestimmt Adrian den gesuchten Golfball, je nachdem, was er am Anfang der Option 2 herausgefunden hat.

Fall 2:

Ist die Waage bereits von Anfang an nicht ausgeglichen, dann weiß Adrian, dass sich der gesuchte Golfball in Schale A oder B befindet. Um den jeweiligen Ball zu finden, nimmt er drei Golfbälle aus der dritten nicht gewogenen Vierer-Gruppe und tauscht sie gegen drei Bälle in der Waagschale A. Die drei weggenommenen Golfbälle aus Schale A wechselt er mit drei Golfbällen in Waagschale B und die drei entfernten Bälle aus Schale B legt er beiseite. Als Folge erhält Adrian drei Optionen: (1) Die Waage neigt sich weiterhin auf die gleiche Seite, (2) die Waage ist im Gleichgewicht oder (3) die Waage neigt sich auf die andere Seite.

Option 1

Neigt sich die Waage weiterhin auf die gleiche Seite, dann ist der gesuchte Ball der vierte Ball in Schale A oder B, der unberührt war. Adrian wiegt einen der unberührten Bälle gegen einen bereits berührten Ball ab. Falls sich der Ball weiterhin auf die gleiche Seite neigt, dann ist der gesuchte Ball gefunden – er ist schwerer als die anderen. Im Falle des Gleichgewichts ist der andere unberührte Ball der gesuchte Golfball. Er ist leichter als die anderen elf.

Option 2

Ist die Waage im Gleichgewicht, dann liegt der gesuchte Ball zwischen den drei Bällen, die aus Schale B rausgenommen und zur Seite gelegt wurden. Zudem weiß man nun, dass es sich um einen Ball handelt, der leichter als die anderen ist. Das liegt daran, dass sich die Waage ursprünglich auf eine Seite geneigt hat. Nach dem Wechsel der Bälle ist die Waage ins Gleichgewicht gekommen. Nun müssen nur noch die drei aus der Schale B weggenommenen Bälle gegeneinander abgewogen werden. Man wiegt einen Ball gegen den anderen und lässt den dritten beiseite. Im Falle des Gleichgewichts ist der dritte Ball der gesuchte Golfball. Ansonsten ist es der Ball, der in der Schale liegt und leichter als der andere ist.

Option 3

Neigt sich die Waage auf die andere Seite, bedeutet das, dass sich der gesuchte Ball zwischen den drei Bällen befindet, die man ursprünglich von Schale A in Schale B umgelegt hat. Zudem weiß man bereits, dass es sich um einen Ball handelt, der schwerer als die anderen elf ist. Das liegt daran, dass sich die Waage immer auf die Seite neigt, auf der der gesuchte Ball liegt. Nun muss Adrian nur noch diese drei Golfbälle nehmen, zwei davon gegeneinander wiegen und den dritten Ball zur Seite zu legen. Im Falle des Gleichgewichts ist der dritte Ball der gesuchte Golfball. Ansonsten ist es der Ball, der in der Schale liegt und schwerer als der andere ist.

Brainteaser 61: Haarclips

Am Freitagabend bereitet sich Olga auf eine Studentenparty vor. Kurz vor dem Verlassen ihrer WG merkt sie, dass sie noch zwei Haarclips zusätzlich brauchen wird. Plötzlich kommt es zum Stromausfall und Olgas Handy liegt tief in der Tasche. Daher versucht sie, die Haarclips in der Dunkelheit zu finden. Wie viele Clips muss Olga aus ihrer Kosmetiktasche mit fünf weißen und fünf schwarzen Haarclips ziehen, um mit Sicherheit zwei gleichfarbige zu bekommen?

❢ Lösung
Entscheidend bei dieser Aufgabe ist die Tatsache, dass es nur zwei Farben von Haarclips gibt. Beim ersten Zug zieht Olga entweder eine weiße oder eine schwarze. Beim zweiten Zug kommt es darauf an, welche Farbe es ist. Wenn es die gleiche Farbe wie beim ersten Zug ist, dann musste Olga nur zweimal ziehen, um zwei identische Haarclips zu erhalten. Ansonsten muss Olga noch eine aus ihrer Kosmetiktasche ziehen, um zwei gleichfarbige zu bekommen. Insgesamt braucht sie höchstens drei Haarclips zu ziehen, um sicher zwei einfarbige zu finden.

Brainteaser 62: Schlüssel und Schlösser

Claudia hat drei Schlüssel und drei Schlösser. Sie weiß jedoch nicht, welcher Schlüssel zu welchem Schloss passt. Kann Claudia mittels drei Versuchen bestimmen, welcher wohin gehört?

ϙ Lösung

Um den passenden Schlüssel zu finden, benötigt Claudia zwei oder drei Versuche. Beim ersten Versuch erkennt sie, ob der erste Schlüssel zum ersten Schloss passt. Wenn ja, dann nimmt sie den zweiten Schlüssel und steckt ihn ins zweite Schloss. Somit erkennt Claudia, ob der zweite Schlüssel zum zweiten oder dritten Schloss passt. Der dritte Schlüssel wird dann zum verbliebenen Schloss passen. Wenn jedoch beim ersten Versuch der Schlüssel nicht zum Schloss passt, dann nutzt die Frau den zweiten Versuch, um den ersten Schlüssel noch einmal zu testen und ihn ins zweite Schloss zu stecken. Als Folge stellt sie fest, ob der Schlüssel zum zweiten oder dritten Schloss passt. Beim dritten Versuch nimmt Claudia den zweiten Schlüssel und steckt ihn in eins der verbliebenen zwei Schlösser. Je nach Eignung kann die Frau dann sehen, wohin der dritte Schlüssel passt.

Brainteaser 63: Algebraisches Quiz

Der 15-jährige Albert hat gehört, dass man aus 10 Zweiern und dem Additionsoperator die Zahl 2.468 bilden kann. Wenn es stimmt und man dafür beliebig oft das Additionszeichen nutzen darf, wie kommt Albert auf die gesuchte Zahl?

❢ Lösung

Albert kann 2468 erhalten, indem er die 10 Zweier richtig eingruppiert. Um zum gewünschten Ergebnis zu kommen, soll er die folgenden Zweier-Gruppen bilden:
$2.222 + 2.22 + 22 + 2 = 2.468$

Brainteaser 64: Steak

Um zwei große Steaks zu braten, benötigt Tina die gesamte Grillplatte. Sie weiß, dass sie für jede Seite vier Minuten Zeit braucht. Jedoch hat Tina einen Weg gefunden, wie sie drei Steaks in zwölf Minuten anstatt von 16 Minuten grillt. Welche Methode hat sich Tina ausgedacht?

❢ Lösung

Beim normalen Grillen würde es bei Tina acht Minuten dauern, um zwei Steaks von beiden Seiten zu braten. Danach würde sie noch weitere acht Minuten brauchen, um das dritte Steak zu braten. Tinas Methode ist, dass sie zuerst eine der Seiten des ersten und des zweiten Steaks grillt (vier Minuten). Als Nächstes dreht sie das erste Steak um und nimmt das zweite von der Grillplatte weg. Anstatt des zweiten legt sie das dritte Steak auf und grillt es auf einer der Seiten (vier Minuten). Im letzten Schritt nimmt Tina das von beiden Seiten gebratene Steak von der Grillplatte weg, legt das zweite Steak auf die noch nicht gegrillte Seite und dreht das dritte Steak auf der Grillplatte um (vier Minuten). Nach zwölf Minuten sind drei Steaks fertig.

Brainteaser 65: Alleine durch den Dschungel

Ein Fotojournalist ist beauftragt, erlebnisvolle Fotos im afrikanischen Dschungel zu schießen. Daher beschließt er, vier Tage lang im Dschungel zu bleiben und von einem Ort zum anderen zu ziehen. Wegen Platzmangel kann er neben seiner Kamera und dem Zubehör nur Lebensmittel für zwei Tage mit sich tragen. Deswegen bieten ihm die Bewohner eines afrikanischen Dorfes an, ihn bei seiner Reise zu unterstützen. Die Voraussetzung ist allerdings, dass jeder Begleiter höchstens vier Tagesvorräte mitnehmen und keiner der Begleiter ohne Essen und Trinken bis zu seiner Rückkehr sein darf. Wie viele Begleiter soll der Fotograf mitnehmen, um sein viertägiges Fotoshooting kostengünstig zu organisieren?

⚑ Lösung

Es lohnt sich für den Fotografen, seine zweitägigen Vorräte möglichst lange ungenutzt zu halten. Daher sollte er zuerst die Vorräte eines Begleiters verbrauchen. Dafür ist es nötig, einen oder mehrere Begleiter für die ersten beiden Tage zu haben und danach nach Hause zu schicken. Wenn er nur einen Begleiter mitnimmt, dann essen beide am ersten Tag die zweitägigen Vorräte des Begleiters und am zweiten Tag den verbliebenen Teil der Vorräte. Da der Begleiter keine Vorräte mehr hat, kann er laut Voraussetzung nicht nach Hause geschickt werden. Wenn der Fotograf jedoch zwei Begleiter mitnimmt, dann essen die drei zusammen am ersten Tag die dreitägigen Vorräte des ersten Begleiters. Am nächsten Morgen kann der Fotograf den ersten Begleiter mit dem verbliebenen Tagesvorrat nach Hause schicken. Für die Rückkehr hat der erste Begleiter genug Vorrat. Am zweiten Tag essen der Fotograf und der andere Begleiter die zwei Tagesvorräte des verbliebenen Begleiters. Am nächsten Morgen sendet der Fotograf den verbliebenen Begleiter zurück.

Die zwei noch vorhandenen Tagesvorräte des Begleiters werden ihm helfen, ohne Hunger und Durst nach Hause zu kommen. Nachdem der Fotograf in den ersten beiden Tagen die Vorräte der beiden Begleiter konsumiert hat, hat er für die nächsten beiden Tage noch seine Vorräte zum Verzehr. Das ist genau das, was man erreichen wollte. Daher benötigt der Fotograf zumindest zwei Begleiter, um seinen viertägigen Aufenthalt im Dschungel kostengünstig zu organisieren.

Brainteaser 66: Sanduhr

Auf dem Tisch stehen zwei Sanduhren. Um einmal durchzulaufen, braucht die kleine drei Minuten und die große fünf Minuten. Kann man mit den beiden Sanduhren genau sieben Minuten berechnen? Falls ja, auf welchem Weg?

❢ Lösung

Man startet die beiden Sanduhren gleichzeitig. Nach drei Minuten ist die kleine vollständig durchgelaufen, wobei die große noch zwei Minuten übrig hat. Dann dreht man die kleine um. Nach fünf Minuten ist die große komplett durchgelaufen und die kleine hat noch eine Minute Zeit. Wie die kleine Uhr davor dreht man jetzt die große Sanduhr zum zweiten Mal um. Nach sechs Minuten ist die kleine leer und die große ist nur eine Minute gelaufen. Nun muss noch die große zum dritten Mal umgedreht werden, die bisher eine Minute gelaufen ist. Insgesamt sind sieben Minuten vergangen, die man berechnen musste.

Brainteaser 67: Kochtopf

Für die Vorbereitung ihres Lieblingsgerichts benötigt Elke einen Kochtopf, der zur Hälfte mit Wasser gefüllt ist. Leider hat sie keinen Messbecher, um die jeweilige Wassermenge zu bestimmen. Wie kann Elke mithilfe des vorhandenen Kochtopfs genau die Hälfte ermitteln?

❢ Lösung

Elke beugt den Topf um 45 Grad und lässt das Wasser fließen. Das macht sie so lange, bis das Wasser die obere Kante der Innenseite und die untere Kante der Außenseite des Topfs erreicht hat. Genau dann, wenn das Wasser die beiden Kanten erreicht hat, ist die Hälfte des Kochtopfs mit Wasser gefüllt.

Brainteaser 68: Wuchang-Reis

Im chinesischen Laden werden 5-kg-Säcke mit teurem Wuchang-Reis angeboten. Nun kommt ein Käufer und bittet, ihm 1 kg Reis zu verkaufen. Der Ladeninhaber möchte den Käufer nicht verlieren, öffnet den 5-kg-Sack und wiegt ihm genau 1 kg ab. Wie hat der Ladeninhaber das gemacht, wenn er nur eine Balkenwaage, eine Abwiegeschaufel sowie ein 250-g-Gewicht zur Verfügung hat?

❢ Lösung

Zuerst teilt der Verkäufer mit der Balkenwaage und der Abwiegeschaufel ein 5-kg-Sack in zwei Teile je 2,5 kg. Danach nimmt er einen beliebigen Teil mit 2,5 kg und teilt ihn wieder in zwei weitere Teile je 1,25 kg. Als Nächstes legt der Ladeninhaber 1,25 kg Wuchang-Reis in die eine Waagschale und in die andere das 250-g-Gewicht. Nun muss er aus der Schale mit 1,25 kg so viel Reis entnehmen, bis die Waage im Gleichgewicht ist. Die entnommene Menge ist genau 1 kg.

Brainteaser 69: Sportwettbewerb

Ein vierköpfiges Team nimmt am Sportwettbewerb teil. Bei einer Aufgabe muss das Team eine Strecke durchlaufen, bei der höchstens zwei Teilnehmer gleichzeitig auf die Laufbahn passen. Nach Erreichen des Endziels muss ein Teilnehmer zurücklaufen, um den Staffelstab zu übergeben. Das Team erhält Punkte, wenn alle seine Teilnehmer nach Ablauf von 15 Minuten am Endziel sind. Schafft die vierköpfige Truppe diese Aufgaben zu bewältigen, wenn die einzelnen Teilnehmer mit der folgenden Laufzeit rechnen: Sportler A – 2 Minuten, Sportler B – 3 Minuten, Sportler C und D – je 4 Minuten?

⸎ Lösung

Um die Aufgabe zu bewältigen, laufen Sportler A und Sportler B zunächst zusammen. Dafür benötigen sie 3 Minuten. Dann kehrt Sportler A zurück. Insgesamt hat der Lauf hin und zurück 5 Minuten gedauert. Als Nächstes laufen Sportler C und D gemeinsam. Zusammen benötigen sie 4 Minuten und lassen Sportler B zurücklaufen. Diese Vorgehensweise nimmt weitere 7 Minuten in Anspruch, und zwar 4 Minuten hin und 3 Minuten zurück. Im letzten Schritt laufen Sportler A und B wieder zusammen und benötigen dafür 3 Minuten. Am Ende ist das gesamte Team in der erforderlichen Zeit von 15 Minuten am Endziel angelangt.

Brainteaser 70: Zahlenspiel

In der Schule hat Steffi eine neue Hausaufgabe in Mathe erhalten. Sie soll Folgendes lösen:

$$32 - 2 : 3 \cdot (23 - 32)$$

Als sich Steffis Vater einige Gedanken über die Lösung macht, hat das Mädchen schon die Antwort gefunden. In welcher Reihenfolge muss man den oberen Ausdruck lösen, um zum korrekten Ergebnis zu gelangen?

❢ Lösung

Im ersten Schritt multipliziert oder dividiert man die Zahlen – je nachdem, was zuerst kommt. Im zweiten Schritt addiert oder subtrahiert man die Werte in der vorgegebenen Reihenfolge. Wenn jedoch an der einen oder anderen Stelle Klammern auftauchen, dann haben die Operationen in den Klammern Vorrang. Dabei werden sie in der gleichen Reihenfolge berechnet, wie es zuvor in den beiden Schritten beschrieben ist. In der Aufgabe erhält man im ersten Schritt in den Klammern -9. Im zweiten Schritt dividiert man 2 durch 3 und multipliziert mit -9. Als Resultat erhält man -6. Im dritten Schritt müssen 32 und -6 zusammengebracht werden. Da Minus mal Minus Plus ergibt, addiert man die beiden Werte. Als Resultat erhält man 38.

9

Fangfragen

Brainteaser 71: Bootsleiter

Am Genfer See schwenkt ein Boot mit eingebauter Leiter. Die Leiter hat fünf Stufen und der Abstand zwischen den einzelnen Stufen beträgt 15 cm. Um wie viele Stufen sinkt die Bootsleiter, wenn der Wasserspiegel um 40 cm steigt?

⏻ Lösung

An dieser Aufgabe wird deutlich, wie wichtig es ist, die relevanteste Information zu selektieren und sich die Situation dabei genau vorzustellen. Durch die präzisen Angaben zur Bootsleiter, den einzelnen Stufen und der Veränderung des Wasserspiegels entsteht der Eindruck, dass es eine rechnerische Aufgabe ist. Doch das ist falsch. Die Antwort ist einfach: Die Leiter sinkt nicht, sondern steigt proportional zum Boot. Die Stufen sind fest am Boot befestigt. Daher bewegen sie sich in die gleiche Richtung wie das Boot selbst. Wenn der Wasserspiegel steigt, geht auch das Boot und demzufolge die Leiter nach oben.

© Springer Fachmedien Wiesbaden GmbH, ein Teil von
Springer Nature 2022
Y. Lantsuzovskyy, *Brainteaser für Anfänger und Fortgeschrittene*,
https://doi.org/10.1007/978-3-658-39342-7_9

Brainteaser 72: Kinder

Lara und Meike haben im Sandkasten gespielt. Nach dem Spiel ist Laras Gesicht sauber geblieben und Meikes Gesicht ist total schmutzig. Als die beiden Kinder nach Hause kamen, hat Lara ihr Gesicht gewaschen, Meike jedoch nicht. Warum ist das so?

⚑ Lösung

Lara hat Meikes Gesicht angeschaut und hat gedacht, dass ihr Gesicht auch schmutzig ist. Meike hat jedoch gesehen, dass Laras Gesicht sauber ist. Deswegen hat sie angenommen, dass sie ihr Gesicht nicht waschen muss.

Brainteaser 73: Mikrowelle

Eine Mikrowelle kann ohne Pause höchstens 1 Stunde, 39 Minuten und 59 Sekunden laufen. Woran liegt das?

⚑ Lösung

Die Einschränkung liegt im Mikrowellen-Timer. Der Timer ist so vorprogrammiert, dass er nur Minuten und Sekunden anzeigt. Demzufolge kann der Mikrowellen-Timer höchstens auf 99 Minuten und 59 Sekunden gestellt werden, was 1 Stunde, 39 Minuten und 59 Sekunden beträgt.

Brainteaser 74: Der Pariser

Im Touristenviertel in Paris wurde einem Bettler ein 5-Euro-Schein angeboten. Der Mann hat dieses Angebot abgelehnt und hat nur einige Cent-Münzen akzeptiert. Der Fall hat sich schnell zwischen den Touristen rumgesprochen. Demzufolge wollten die Reisenden wissen, ob der Bettler tatsächlich nur Cent-Münzen akzeptiert. Als sie den Mann getroffen haben, haben sie ihm wiederum nur Euro-Scheine angeboten. Jedoch hat der Mann nur Cent-Münzen genommen. Warum?

❢ Lösung

Der Mann war ein Stratege. Er wusste, dass die Touristen Ungewöhnliches mögen. Zudem war ihm bewusst, dass er durch viele kleine Spenden auf eine Summe kommen kann, die höher als eine einmalige Spende ist. Wenn er beispielsweise einen 20-Euro-Schein akzeptieren würde, dann würde ihm möglicherweise kaum jemand mehr Geld spenden. Daher war es sein Ziel, die Touristen durch das Sammeln von Cent-Münzen zu überraschen und so auf eine insgesamt höhere Summe zu kommen.

Brainteaser 75: Popcorn-Labor

Im Popcorn-Labor haben die Forscher eine neue Maisart entwickelt. Das Besondere an dieser Art ist, dass ein Maiskorn bei Tagestemperatur innerhalb von zehn Sekunden wächst und sich anschließend in zwei Einzelstücke teilt. Bereits nach einer Stunde entsteht aus einem solchen Maiskorn eine riesige Menge an Popcorn. Wie lange dauert es, bis man die gleiche Menge an Popcorn erhält, wenn die Forscher mit zwei Maiskörnern anstatt einem beginnen?

❢ Lösung

Ein Maiskorn benötigt zehn Sekunden, um sich zu verdoppeln. Daher haben die Forscher nach zehn Sekunden bereits zwei Popcornstücke. Da die Forscher mit zwei Maiskörnern gleichzeitig starten, brauchen sie eine Stunde abzüglich zehn Sekunden.

Brainteaser 76: Fische im Aquarium

Im Aquarium schwimmen zwei Fische vor einem Fisch, zwei Fische nach einem Fisch und ein Fisch in der Mitte. Wie viele Fische gibt es im Aquarium?

❢ Lösung
Alle Fische schwimmen in einer Reihe. Wenn man die Fische mit 1, 2, und 3 nummeriert und annimmt, dass diese Fische von links nach rechts schwimmen, ergibt sich das folgende Bild: Die Fische 2 und 3 sind vor dem Fisch 1. Die Fische 1 und 2 nach dem Fisch 3. Der Fisch 2 schwimmt in der Mitte. Insgesamt befinden sich 3 Fische im Aquarium.

Brainteaser 77: Flucht aus Harem

Sibel, eine ehemalige Favoritin des Sultans, ist über ihre jetzige unbedeutende Rolle im Harem enttäuscht. Daher ist sie fest entschlossen, aus dem Harèm zu fliehen. Auf der Flucht aus dem Sultanspalast steht sie plötzlich vor drei Türen. Hinter der ersten Tür befinden sich die Leibwächter des Sultans. Hinter der zweiten sind zwei Leoparden, die seit sechs Wochen nichts gegessen haben und hinter der dritten liegen Waffen, die wegen ihres Alters jederzeit explodieren können. Welche Tür soll Sibel wählen?

❢ Lösung
Sibel soll die zweite Tür wählen. Nach sechs Wochen sind die beiden Leoparden ohne Fütterung tot. Daher besteht für die ehemalige Favoritin des Sultans keine Gefahr, aufgefressen zu werden.

Brainteaser 78: Vorstand und Aufsichtsrat

Der Aufsichtsrat einer Bank hat Bedenken bezüglich des Erfolgs einer künftigen Investition. Obwohl die Einnahmen und Ausgaben plausibel sind, tendiert er dazu, das Investitionsprojekt zu blockieren. Daher legt der Aufsichtsrat dem Vorstand zwei umgedrehte Zettel vor und sagt, dass auf einem Zettel „Investieren" und auf dem zweiten „Nicht investieren" steht. Tatsächlich steht auf beiden Zetteln jedoch „Nicht investieren". Der Vorstand kennt diesen Trick. Wie muss er spielen, um gegen den Aufsichtsrat zu gewinnen?

❦ Lösung

Der Vorstand nimmt einen der beiden Zettel und lässt ihn umgedreht liegen. Danach bittet er den Aufsichtsrat, den verbliebenen Zettel zu nehmen und vorzulesen. Da dort „Nicht investieren" steht, geht man davon aus, dass auf dem Zettel des Vorstands „Investieren" steht.

Brainteaser 79: Wolkenkratzer

Mandy arbeitet im 40. Stock eines Wolkenkratzers. Wenn sie mit dem Fahrstuhl nach oben fährt, hat sie oft einen Stift dabei. Ansonsten fährt sie mit jemandem mit oder entscheidet, bis zum 35. Stock zu fahren und dann bis zum 40. Stock zu Fuß zu gehen. Warum macht sie das?

❦ Lösung

Mandy ist eine kleine Frau. Für sie ist der Knopf 40 im Fahrstuhl zu hoch. Um zu ihrer Etage zu gelangen, nutzt sie im Lift einen Stift. Wenn sie jedoch keinen zur Hand hat, bittet sie jemanden, den Knopf 40 für sie zu drücken.

Gegebenenfalls fährt sie alleine bis zum 35. Stock, dessen Knopf sie noch drücken kann und geht dann zu Fuß weiter.

Brainteaser 80: Mord in Alaska

An einem eiskalten Tag wurde ein Hotelbetreiber in Alaska ermordet. Die Polizei veranlasste daraufhin den Befehl, die potenziellen Mörder in einem Raum zu versammeln und nach ihrem Alibi zu befragen. Der Rezeptionist hat einen Kunden bedient. Der Koch hat das Essen vorbereitet. Die Putzfrau hat die Zimmer aufgeräumt und der Gärtner hat draußen die Bäume geschnitten. Die Polizei hat die Aussagen der Verdächtigen analysiert und hat sofort den Täter gefunden. Wer war es?

? Lösung
An einem eiskalten Tag macht es keinen Sinn, Bäume draußen zu schneiden. Die Polizei hat das erkannt und den Gärtner festgenommen.

Brainteaser 81: Handschuhe

Ein chinesischer Hersteller von Lederhandschuhen hat seine riesige Produktionshalle in drei separate Einzelhallen aufgeteilt. In der ersten Halle werden nur Handschuhe für die linke Hand produziert. In der zweiten werden nur Handschuhe für die rechte Hand hergestellt. Die einzelnen Handschuhe werden dann in die dritte Halle transportiert, wo sie zusammengebündelt werden. Durch diese Maßnahme hat die Firma ihre Verluste reduziert. Was war die Ursache für die Umstrukturierung?

❢ Lösung

Die Ursache war eine zu hohe Anzahl an Diebstählen. Das Unternehmen konnte seine internen Kontrollen nicht oder nur teilweise umsetzen. Daher war es leicht für die Mitarbeiter, die Lederhandschuhe aus dem Werk zu stehlen. Als Resultat hat die Firmenleitung entschieden, ihr Produktionswerk in drei Teile aufzuteilen.

Brainteaser 82: Kindesname

Ralfs Mutter Anna-Marie hat eine große Familie. Zusammen mit dem Ehemann hat Anna-Marie vier Kinder und einen Hund. Das erste Kind heiß Yvonne. Das zweite Jaqueline und das dritte Daniel. Der Hund heißt Klitsch. Wie heißt das vierte Kind?

❢ Lösung

Das vierte Kind heißt Ralf. Der Name wurde bereits in der Aufgabe erwähnt. Der Text liefert absichtlich zu viel Information zu Anna-Marie und ihrer Familie, um den Namen des vierten Kindes zu verbergen.

Brainteaser 83: Pizzeria

In einer Pizzeria haben Sandra und Helmut zwei mittlere Pizzen zu je acht Stück bestellt. Sandra hat drei Stück von ihrer Pizza gegessen. Helmut hat so viele Stücke von seiner Pizza verzehrt, wie Sandra von ihrer Pizza nicht geschafft hat. Wie viele Pizzastücke sind bei den beiden zusammen noch übrig geblieben?

◊ Lösung

Sandra hat drei Stück Pizza gegessen. Helmut hat fünf Stück von seiner Pizza verzehrt. Die fünf Stück sind genau die Differenz zwischen dem, was Sandra bestellt hat und dem, was sie konsumiert hat. Da die beiden zusammen ursprünglich zwei Pizzen mit 16 Stück hatten und nur acht Stück konsumiert haben, haben sie noch acht Pizzastücke übrig.

Brainteaser 84: Kann es sein?

Die 30-jährige Elisa behauptet, dass sie mindestens 50-mal älter als viele andere Menschen ist. Zu Recht?

◊ Lösung

Das kann sein. Wenn man beispielsweise ein sechs Monate altes Baby nimmt und mit Elisas Alter auf Monatsbasis, also $30 \cdot 12$, vergleicht, ist der Altersunterschied bereits 60-mal höher.

Brainteaser 85: Laufmarathon

Tilo nimmt am Laufmarathon teil. Kurz vor der Ziellinie gelingt es ihm, den Drittplatzierten zu überholen. Welchen Platz hat Tilo jetzt?

◊ Lösung

Nach der Überholung des Drittplatzierten landet Tilo auf dem dritten Platz. Der Trick dieser Aufgabe besteht darin, dass man vorschnell zu der Meinung kommt, dass Tilo nun den zweiten Platz erreicht hat. Da er jedoch nur den Drittplatzierten überholt hat, ist er selbst jetzt auf dem dritten Platz.

10

Querdenken

Brainteaser 86: Zahnbürste

Welche Dinge kann man mit einer Zahnbürste anstellen?
(5–7 Möglichkeiten)

¶ Lösung
Zähne putzen, sich kämmen, jemanden streicheln, Fingernägel säubern, Haare zähmen, Fahrradkette schrubben, Geschirr spülen, Elektrogeräte reinigen, Abflussverstopfung beseitigen oder Ecken putzen.

Brainteaser 87: Smartphone

Welche Eigenschaften hat ein Smartphone, die ein Handy nicht hat? (5–7 Möglichkeiten)

© Springer Fachmedien Wiesbaden GmbH, ein Teil von
Springer Nature 2022
Y. Lantsuzovskyy, *Brainteaser für Anfänger und Fortgeschrittene*,
https://doi.org/10.1007/978-3-658-39342-7_10

❦ Lösung

Touchscreen, WiFi, Web surfen, Skype-Telefonate führen, Apps, PDF-Viewer, Office-Anwendungen, Bluetooth, Synchronisierung der Daten, kurze Laufzeit zwischen Organisation, Kommunikation und Multimedia.

Brainteaser 88: Kanaldeckel

Warum sind Kanaldeckel rund? (3–5 Möglichkeiten)

❦ Lösung

Es gibt mehrere Gründe, warum Kanaldeckel rund sind. Im Vergleich zu eckigen Deckeln sind die runden leichter zu rollen, zu öffnen und wiedereinzusetzen. Zudem passen sie zu den runden Schächten, die darunterliegen. Ein wichtiger Punkt ist, dass die runden Kanaldeckel – anders als bei einem eckigen Deckel (bei dem die Diagonale des Schachts immer länger als die Seiten des Deckels ist) – nicht in den Schacht fallen können. Somit wird die Verletzungsgefahr reduziert. Des Weiteren verursachen die runden Kanaldeckel geringere Herstellungskosten als die eckigen. Bei der Auffahrt auf die runden Kanaldeckel entstehen für die Autoreifen weniger Schäden.

Brainteaser 89: Tennisball

Wozu ist der Filz auf einem Tennisball? (5–7 Möglichkeiten)

❦ Lösung

Bessere Greifbarkeit, Rutschfestigkeit, angenehmes Gefühl bei der Berührung, Schutz vor Abnutzung des darunterliegenden Gummis, schnelleres Zur-Ruhe-Kommen bei Bodenkontakt, nicht zu hohes Springen im Gegensatz zum Gummiball, gewisser Luftwiderstand und daher verlangsamter Flug.

Brainteaser 90: Licht im Kühlschrank

Welche Alternativen gibt es, um herauszufinden, ob das Licht im geschlossenen Kühlschrank brennt? (4 Möglichkeiten)

🔹 **Lösung**
Die Möglichkeiten sind

1. die Tür zuhalten, nach einer Weile öffnen und die Glühbirne berühren.
2. eine Videokamera in den Kühlschrank einbauen und das Geschehene aufnehmen.
3. alle Geräte außer dem Kühlschrank aus der Steckdose ziehen und prüfen, ob der Strombedarf des Kühlschranks bei geöffneter und geschlossener Tür gleich ist.
4. die Tür fast vollständig schließen und nur eine sehr kleine Öffnung lassen. Normalerweise geht das Licht bei einem ordentlich funktionierenden Kühlschrank aus, wenn die Tür zu ca. 95 % geschlossen ist.

Brainteaser 91: Nadel im Heuhaufen

Welche Wege gibt es, eine Nadel im Heuhaufen zu finden? (5–7 Möglichkeiten)

🔹 **Lösung**
Heuhaufen manuell durchsuchen, Magnet verwenden, alles verbrennen und in der verbliebenen Menge die Nadel finden, Heu ins Wasser werfen und abwarten, bis die Nadel wegen ihres Gewichts auf den Boden sinkt, Heuhaufen völlig verfaulen lassen und dann die Nadel herausnehmen.

Brainteaser 92: Büroklammer

Was kann man alles mit einer Büroklammer machen? (7–10 Möglichkeiten)

❢ Lösung
Blätter zusammenheften, Kette basteln, Aktenvernichter reinigen, Kunstwerk machen, Joghurtbecher öffnen, nach dem Kollegen werfen, Kabel zusammenbinden, als Schlüssel- oder Kleidungsanhänger nutzen, Haarspange machen, als Reset-Stift oder Simkarten-Werkzeug einsetzen.

Brainteaser 93: Güterzug

Warum rollt ein Güterzug ein Stück rückwärts, bevor er losfährt?

❢ Lösung
Man kann sich viele Gedanken darüber machen, warum ein Güterzug rückwärts rollt. Eine Möglichkeit wäre, um nachzuschauen, ob alle Waggons ordnungsgemäß angehängt sind. Eine andere Begründung wäre, um zu überprüfen, ob die Kupplungen zwischen den einzelnen Waggons richtig eingerastet sind. Es gibt jedoch einen Grund, warum das Rückwärtsfahren tatsächlich erforderlich ist. Das Rückwärtsfahren bewirkt, dass die Kupplungen zwischen den einzelnen Waggons durchhängen. Beim Losfahren werden dann die Waggons nacheinander in Bewegung gesetzt. Dadurch erhöht sich schrittweise die zu ziehende Gesamtlast. Somit ist es für den Lokführer leichter, den ganzen Zug und vor allem die hinteren Waggons in Schwung zu bringen. Zudem muss der Lokführer die Gesamtmasse nicht auf einmal ziehen, sondern kann sie im Nachhinein auf einzelne Waggons verteilen.

Brainteaser 94: Blinde und Farbtöne

Wie kann man einem Blinden die Farbe Grün erklären?
(5–7 Möglichkeiten)

❢ Lösung

Die Blinden können nicht sehen. Daher sind bei ihnen andere Fähigkeiten der Wahrnehmung wie hören, riechen, schmecken oder fühlen besser entwickelt. Man kann diese Eigenschaft nutzen und die Farben anhand von Emotionen, Tönen, Getränken, Temperatur, Gewürzen, Parfum usw. erklären. Die Farbe Rot kann man darstellen, indem man etwas Heißes in die Hand legt oder etwas laut vorspielt. Die Farbe Blau ist frischer Wind vom Meer. Gelb ist Strandsand und Orange ist der Geruch einer Orange. Schwarz wäre die Nacht oder starke Enttäuschung. Grün ist zum Beispiel Rasen nach dem Schneiden oder frischer grüner Tee.

Brainteaser 95: Shoppen am Sonntag

Was spricht für und was spricht gegen geöffnete Läden am Sonntag? (5–7 Möglichkeiten)

❢ Lösung

Es gibt mehrere Gründe für die Genehmigung oder Ablehnung des Handels am Sonntag. Diskussionsfähig sind dabei unter anderem folgende Vor- und Nachteile:

a) *Dafür:* Zunehmender Wettbewerb mit Onlinehändlern, Liberalisierung des Marktes, Erhöhung des nationalen BIP, freie Entscheidung der Bevölkerung, was sie am Sonntag machen möchte, höhere Löhne und zusätzliche Urlaubsansprüche für Ladenangestellte, weitere Freizeit-

aktivitäten am Wochenende, weniger Stress während
der Woche bezüglich des Einkaufs, Vermeidung der langen Wartezeiten samstags an der Kasse, Schaffung neuer
Arbeitsplätze sowie die Erhöhung des Wohlstandes.

b) *Dagegen:* Kirchentag, mehr Zeit für die Familie, Förderung
einer besseren Zeitplanung der Woche, extra Arbeit für
Ladenangestellte und Reinigungskräfte, zusätzlicher Stra-
ßenlärm für Bürger, keine reine Geldorientierung, Zwang
zur Konzentration auf andere als „Shoppen"-Werte, (z. B.
Wandern, Sport usw.), Apotheken, Tankstellen und Läden
am Hauptbahnhof versorgen die Leute mit eiligen Pro-
dukten, Steigerung der Umsätze am Sonntag führt zum
Rückgang der Umsätze an anderen Tagen.

Brainteaser 96: Terminkalender

Warum soll man einen Terminkalender für 70 € anstatt für
10 € kaufen? (5–7 Möglichkeiten)

❢ Lösung
Design, Image, Gewicht, Größe, Qualität, leichte Bedien-
barkeit, extra freier Platz, umweltfreundlicher Stoff, Rutschfestigkeit, Loyalität zur Marke, Einzigartigkeit, kein Mas-
senverkauf, überzeugende Marketingaktivitäten sowie das
Gefühl, das Allerbeste zu haben.

Brainteaser 97: Gummiband

Wie kann ein Gummiband das Leben erleichtern? (5–7
Möglichkeiten)

❢ Lösung

Schneidebrett fixieren, Gerolltes zusammenhalten, Koffer umgürten, Glas öffnen, Teebeutel am Tassenrand zähmen, eingeklemmten Schrauber abschrauben, Brillen rutschfest machen, als Radiergummi und Türstopper einsetzen.

Brainteaser 98: Kaffee mit Milch

Gegeben sind eine Tasse heißer Kaffee und etwas kalte Milch. Was ist zu tun, damit sich der Kaffee langsam abkühlt: Den heißen Kaffee so stehen lassen oder die kalte Milch hinzufügen?

❢ Lösung

Die Zeit ist nun gekommen, sich an die Physik zu erinnern. Man weiß, dass die Abkühlungsgeschwindigkeit gleich der Differenz zwischen der Temperatur des Körpers und der Temperatur des Raums ist, in dem sich der Körper befindet. Wenn man heißen Kaffee einfach stehen lässt, dann ist die Abkühlungsgeschwindigkeit hoch. Wenn man jedoch etwas Milch hinzufügt, ist zwar der Kaffee weniger heiß, allerdings verlangsamt sich der weitere Abkühlungsprozess.

Brainteaser 99: Weg zum Hauptbahnhof

Ein Tourist spricht weder die Landessprache noch eine andere gemeinsame Sprache. Wie kann man ihm erklären, wo der Hauptbahnhof ist? (3–4 Möglichkeiten)

¶ Lösung

Mit Händen erklären, den Weg auf der Karte zeigen, die Wegbeschreibung zeichnen, zum Hauptbahnhof begleiten, einen Dolmetscher finden oder einen Online-Übersetzer nutzen.

Brainteaser 100: Stift im Alltag

Was kann man mit einem Stift machen, außer zu schreiben? (5–7 Möglichkeiten)

¶ Lösung

Sammeln, dirigieren, wegwerfen, kauen, als Zeigestock verwenden, Kaffee umrühren, Löcher machen, Penspinning spielen, Wollfaden aufwickeln, für Zaubertricks einsetzen, Donuts einfädeln, Kassettenband aufrollen, hinters Ohr klemmen, als Haarstecker benutzen.

11

Schätzung

Brainteaser 101: Tante-Emma-Laden

Wie viel Geld liegt täglich im Tante-Emma-Laden auf dem Boden?

❢ Lösung

Ein Tante-Emma-Laden ist im Durchschnitt 8 Stunden pro Tag geöffnet. Jede Stunde kommen ca. 50 Käufer in den Laden. Daher beträgt die Gesamtanzahl der Einkäufer am Tag fast 400. Etwa jeder 80. Besucher verliert eine Münze, die vielleicht 20 Cent wert ist. Jeder 100. Besucher verliert eine 50 Cent-Münze. Somit liegen auf dem Boden täglich 3 €. Da ungefähr die Hälfte der Münzen von anderen Menschen vom Boden aufgehoben wird, liegen im Tante-Emma-Laden ca. 1,50 € am Tag auf dem Boden.

© Springer Fachmedien Wiesbaden GmbH, ein Teil von Springer Nature 2022
Y. Lantsuzovskyy, *Brainteaser für Anfänger und Fortgeschrittene*,
https://doi.org/10.1007/978-3-658-39342-7_11

Brainteaser 102: Bierkonsum in Deutschland

Wie viel Liter Bier wird jährlich pro Kopf in Deutschland konsumiert?

♀ Lösung

Deutschland ist ein Land, in dem viel Bier getrunken wird. Von ca. 83 Mio. Menschen sind es vielleicht 10 %, die kein Bier konsumieren. Die verbleibenden 75 Mio. Bürger kann man in drei Gruppen aufteilen: Gruppe 1 sind Durchschnittstrinker mit 60 Mio. Menschen; Gruppe 2 sind Vieltrinker mit 10 Mio. Menschen und Gruppe 3 sind Wenigtrinker mit 5 Mio. Menschen. Im Jahr trinkt eventuell ein Durchschnittstrinker ca. 100 Liter Bier bzw. 200 Flaschen. Dies hängt natürlich von der Saison, dem Wetter und sonstigen Umständen ab. Geht man zum Beispiel in den Biergarten, so trinkt man zwei Gläser und kommt schon auf einen Liter Bier. Ein Vieltrinker trinkt ungefähr 200 Liter Bier und ein Wenigtrinker 30 Liter Bier. Multipliziert man die Menschen mit der Anzahl der getrunkenen Liter (Gruppe 1: 6000 Mio. Liter, Gruppe 2: 2000 Mio. Liter, Gruppe 3: 150 Mio. Liter) und teilt den erhaltenen Wert durch die Gesamtbevölkerung, kommt man ungefähr auf 100 Liter pro Kopf.

Brainteaser 103: Tankstellen in Österreich

Wie viele Tankstellen gibt es in Österreich?

♀ Lösung

Österreich hat viele Städte mit einer Bevölkerung von unter 100.000 Menschen. Wien ist die einzige Millionenstadt, in der knapp 2.000.000 Menschen wohnen. Die restlichen einflussreichen Städte wie Salzburg, Innsbruck usw. weisen eine Bevölkerung zwischen 100.000 und 300.000 Einwohnern auf.

Man nimmt an, dass es in Wien ca. 300 kleine und große Tankstellen gibt. Die anderen einflussreichen Städte, die sich auf ca. 5 bis 6 Städte belaufen, haben je 30 Tankstellen oder in der Summe 150 Stationen. Die Wohnorte, in denen zwischen 10.000 und 100.000 Einwohner einschließlich der Dörfer leben, stellen die Mehrheit dar.

Österreich hat neun Bundesländer, wobei Wien ein unabhängiges Bundesland ist. Wenn man annimmt, dass es in jedem der acht Bundesländer ca. 10 bis 15 kleine Wohngebiete gibt, so kommt man auf ca. 100 Wohnorte. Jeder Wohnort hat ca. 10 bis 15 Tankstationen und somit 1300 Tankstationen.

Als Nächstes müssen noch Autobahnen und Flughäfen berücksichtigt werden. Es ist davon auszugehen, dass es 106 Wohngebiete gibt (Wien, 5 mittelgroße und 100 kleine Orte). Wenn es bei der Fahrt in eine Richtung ca. 3 kleine und große Tankstellen gibt, dann sind es bei der Fahrt hin und zurück doppelt so viele. Somit kommt man auf 630 Tankstellen zusätzlich. In der Summe hat Österreich 2380 Tankstellen (300 + 150 + 1300 + 630). Ein kritischer Denker würde sagen, dass dies ein bisschen wenig ist und würde auf 2500 aufrunden.

Brainteaser 104: Hunde in der Schweiz

Wie viele Hunde leben in der Schweiz?

♥ Lösung

In der Schweiz wohnen knapp 8,4 Mio. Menschen. Wenn man schon dort war oder sich mit dem Thema beschäftigt hat, fällt es einem leichter, die Anzahl der Hunde zu schätzen. Grundsätzlich ist nicht zu erwarten, dass man beim Ergebnis sehr nah an der tatsächlichen Zahl liegt. Wichtig sind die Vorgehensweise und das kritische Denken. Es wird beispielsweise angenommen, dass auf ca. 20 Menschen ein Hund kommt. Daher leben in der Schweiz 420.000 Hunde. Da es für einen mehr oder weniger mittelgroßen Staat in Europa ein bisschen wenig ist, sollte man auf 450.000 Hunde aufrunden. De facto leben in der Schweiz ca. 505.750 Hunde, was nah am Schätzwert liegt.

Brainteaser 105: Fußball in der EU

Wie viele Fußballteams spielen in der höchsten Spielklasse in allen EU-Ländern?

Lösung

Kaum jemand weiß die Antwort auf diese Frage. Es ist jedoch logisch, dass es umso mehr Teams gibt, je größer das Land ist. Daher kann man in einem ersten Schritt aus der Erfahrung des eigenen Landes die Anzahl der Teams abschätzen, die in der höchsten Spielklasse vertreten sind. Dann kann man anhand der Größe des Staates und der Anzahl der zugelassenen Teams die Werte auf andere EU-Länder übertragen. In Deutschland sind ca. 18 bis 20 Teams in der Bundesliga. Da Österreich kleiner als Deutschland ist, spielen dort eventuell ca. 10 bis 12 Teams. Wenn man einen Durchschnitt pro EU-Land definiert, so kommt man auf ca. 15 Teams pro Staat. Demzufolge spielen in den 27 EU-Ländern in der höchsten Spielklasse knapp 405 Teams.

Brainteaser 106: Zahnpasta in den USA

Wie viel Zahnpasta wird jährlich in den USA konsumiert?

? Lösung

Bei solchen Aufgaben ist es am besten, vom eigenen Verbrauch auszugehen und danach auf die Gesamtbevölkerung zu schließen. Man putzt die Zähne ca. zweimal täglich mit einem Zahnpastastreifen. Jeder Zahnpastastreifen ist ungefähr 1 cm lang. Das heißt, in einem Tag verbraucht man 2 cm bzw. 2 ml Zahnpaste (1 cm =1 ml). In einem Jahr sind es 730 ml oder aufgerundet 750 ml. Nun weiß man, dass in den USA 325 Mio. Menschen legal wohnen. Damit es einfacher zu rechnen ist, rundet man auf 330 Mio. Menschen in den USA auf. Die Differenz von 5 Mio. sind zum Beispiel illegale Zuwanderer, Gastarbeiter, Touristen oder Menschen, die sich im Rahmen ihrer Geschäftstätigkeit in den USA aufhalten müssen und sich dort eine neue Zahnpasta besorgt haben. Als Resultat ergibt sich ein jährlicher Verbrauch an Zahnpasta von 247.500.000.000 ml oder 247.500.000 Liter.

Brainteaser 107: Smartphone-Nutzer weltweit

Wie viele Smartphone-Nutzer gibt es bis 2025 weltweit?

? Lösung

Aus den Nachrichten weiß man möglicherweise, dass ca. 7,6 Mrd. Menschen auf sechs Kontinenten leben. Asien ist der größte Kontinent und Australien der kleinste. Man kann davon ausgehen, dass von den 4 Mrd. Menschen in

Asien ca. 40 % ein oder mehrere Smartphones besitzen, was eine Anzahl von 1,6 Mrd. Nutzer ausmacht. In Afrika nutzen von 1,5 Mrd. Menschen ca. 10 %, nämlich 150 Mio., das Gerät. In Europa haben von 800 Mio. Menschen ca. 60 %, also 500 Mio., ein Smartphone. In Nord- und Südamerika sind von ca. 1 Mrd. Menschen 50 % im Besitz eines Smartphones, also ca. 500 Mio. In Australien und Ozeanien haben von 40 Mio. Menschen wahrscheinlich 50 %, also 20 Mio., ein Gerät. In der Summe kommt man auf ca. 2,8 Mrd. Smartphone-Nutzer. Wenn man ein Wirtschaftswachstum von etwa 3–4 % annimmt, kommt man auf knapp 3 Mrd. Nutzer bis 2025.

Brainteaser 108: Trinkgeld

Wie viel Trinkgeld erhält die Bedienung in einem mittelgroßen Restaurant am Tag?

❓ Lösung

Ein mittelgroßes Restaurant ist im Durchschnitt 10 Stunden am Tag geöffnet. Pro Stunde gibt es in Abhängigkeit vom Wetter, der Saison und der Lage ca. 12 Restaurantbesucher. Zwar gibt es immer mehr Besucher am Abend als am Tag. Im Durchschnitt könnte man aber von ca. 120 Menschen am Tag ausgehen. Man isst und trinkt dort für ca. 15 Euro pro Person. Dadurch ergibt sich ein durchschnittlicher Gewinn von 1.800 €. Im Schnitt gibt ein Gast ca. 5–10 % an Trinkgeld. Das bedeutet, dass die gesamte Bedienung im Lokal im besten Fall ca. 180 € pro Tag an Trinkgeld kassiert.

Brainteaser 109: Fußbälle im Schulbus

Wie viele Fußbälle passen in einen Schulbus?

❢ Lösung

Um die Frage zu beantworten, sollte man das Volumen eines Schulbusses durch das Volumen eines Fußballs dividieren. Das Volumen des Schulbusses ergibt sich aus der Gleichung für einen Quader. Zur Vereinfachung trifft man zuerst die Annahme, dass der Bus zu 100 % quadratförmig ist. Somit ist das Volumen gleich dem Multiplikationswert aus der Länge, Breite und Höhe ($V_0 = l \cdot b \cdot h$). Im Durchschnitt ist der Bus ca. 10 m lang, 2 m breit und 2,5 m hoch. Daher beträgt das Busvolumen 50 m³. Von dem Volumen sollte man jedoch den Platz für den Motor, die Karosserie usw. abziehen, die ca. 10–20 % des Busses ausmachen. Als Folge verbleibt ein freier Raum von ca. 40 m³. Ein Fußball dagegen ist rund. Sein Durchmesser beträgt eventuell 20 cm. Das Volumen bestimmt sich durch die Gleichung für das Volumen einer Kugel ($V_K = 4/3 \, \pi r^3$). Daher beträgt das Volumen 4187 cm³ oder 0,004 m³. Da es beim Liegen aufeinander zwischen den einzelnen Fußbällen kleine Räume gibt, rechnet man mit ca. 20 % Extravolumen für jeden Fußball. Somit beträgt das Volumen eines Fußballs knapp 5000 cm³ oder 0,005 m³. Teilt man das Volumen eines Schulbusses durch das Volumen eines Fußballs, kommt man auf eine Anzahl von 8000 Fußbällen.

Brainteaser 110: Tannenbäume in Deutschland

Wie viele Tannenbäume werden jährlich in Deutschland gekauft?

❢ Lösung

Weihnachten ist ein wichtiges Fest in Deutschland. Von den 83 Mio. Menschen werden etwa 10–15 % der Bevölkerung keinen Tannenbaum kaufen. Die Gründe hierfür sind religiöse Aspekte, Urlaub, wenig Geld, keinen Wunsch nach einem Tannenbaum oder die Tatsache, dass zu spät daran gedacht oder kein passender Baum gefunden wurde. Von den verbleibenden 70 Mio. Menschen sind wahrscheinlich 70 % Familien und feste Lebenspartner sowie 30 % Alleinstehende, die jeweils einen Tannenbaum kaufen. Eine Familie besteht im Durchschnitt aus 2 bis 4 Personen. Bei den Alleinstehenden haben ca. 50 % ein Kind und die anderen 50 % sind kinderlos. Daher kommt man, wenn man die Familienmitglieder zusammenzählt, auf 49 Mio. Menschen und ca. 15 Mio. gekaufte Tannenbäume. Bei Alleinstehenden sind es 21 Mio. Menschen, darunter knapp 10 Mio. mit einem Kind und somit 5 Mio. Tannenbäume sowie 10 Mio. ohne Kind und somit 10 Mio. Tannenbäume. In der Summe erhält man ungefähr 30 Mio. Bäume. Dazu sind noch Personen zu zählen, die aus den verschiedensten Gründen mehrere Tannenbäume zu Weihnachten erwerben. Dazu kommen noch Einkaufszentren, Institutionen, Kinderhäuser und sonstige Einrichtungen, die ebenfalls einen oder mehrere Tannenbäume kaufen. Diesen Anteil kann man auf ungefähr 1–3 Mio. schätzen. Als Ergebnis erhält man ca. 32 Mio. Tannenbäume, die in Deutschland jährlich gekauft werden.

Brainteaser 111: Fahrräder in Österreich

Wie viele Fahrräder gibt es in Österreich?

❢ Lösung

In Österreich wohnen ca. 9 Mio. Menschen. Man nimmt an, dass dort ca. 15 % der Bevölkerung (1 Mio.) unter 18

Jahre alt sind, ca. 60 % (5 Mio.) zwischen 18 und 70 Jahre und ca. 25 % (3 Mio.) über 70 Jahre. Von der Gruppe der unter 18-Jährigen haben vielleicht 60 % (0,6 Mio.) ein Fahrrad. In der Gruppe zwischen 18 und 70 Jahren besitzen knapp 70 % (3,5 Mio.) der Bewohner ein Fahrrad. Von der Gruppe der über 70 Jahre alten Menschen haben fast 60 % (1,8 Mio.) ein Fahrrad. In der Summe kommt man auf 5,9 Mio. oder aufgerundet 6 Mio. Fahrräder. Zudem sollten noch diejenigen Personen einbezogen werden, die zwei oder mehr Fahrräder haben. Es ist anzunehmen, dass dies ungefähr 5–7 % (0,5 Mio.) der Gesamtbevölkerung sind. Dazu kommen noch die Läden, in denen Fahrräder verkauft werden, City-Bike-Stationen usw. (ca. 0,3 Mio.). Zusammengefasst erhält man 6,7 Mio. Fahrräder in Österreich.

Brainteaser 112: Kreditkarten in der Schweiz

Wie viele Kreditkarten gibt es in der Schweiz?

? Lösung

In der Schweiz wohnen ca. 8 Mio. Menschen. Es kann angenommen werden, dass dort 15 % der Bevölkerung (1,2 Mio.) unter 18 Jahre, 60 % (5 Mio.) zwischen 18 und 70 Jahre und 25 % (2 Mio.) über 70 Jahre alt sind. In der Gruppe der unter 18-Jährigen besitzt niemand eine Kreditkarte, da nur Personen ab 18 Jahren eine Karte mit Kreditfunktion haben dürfen. Von der Gruppe der zwischen 18- und 70-Jährigen haben 75 % (4 Mio.) eine Kreditkarte. In der Gruppe der über 70-Jährigen haben 50 % (1 Mio.) eine Kreditkarte. Somit kommt man bis jetzt auf 5 Mio. Kreditkarten. Es gibt jedoch Haushalte, die mehrere Kreditkarten besitzen. Einige Personen haben aufgrund der Aufteilung zwischen privaten und beruflichen Zwecken mehrere Kreditkarten, andere wiederum aufgrund verschiedener

Bankkonditionen. In der Altersgruppe zwischen 18 und 70 sind dies beispielsweise 20 % (1 Mio.) und in der Gruppe über 70 sind es 5 % (0,2 Mio.) der Menschen. Demzufolge kommt man auf 6,2 Mio. Kreditkarten in der Schweiz.

Brainteaser 113: Vegetarier in der EU

Wie viele Vegetarier gibt es in der EU?

♥ Lösung
Eine Frage, die niemand leicht beantworten kann. Da es bei der Schätzung nicht um eine genaue Antwort, sondern um logisches Denken und ein Gefühl für Zahlen geht, kann man durch Schätzen zu einem sinnvollen Ergebnis gelangen. Aus der Zeitung oder sonstigen Quellen weiß man, dass im Durchschnitt etwa 7–8 % der Bevölkerung Vegetarier sind. Daher gibt es in Deutschland ungefähr 6 Mio. Vegetarier, in Österreich knapp 0,6 Mio. usw. In der gesamten EU wohnen fast 500 Mio. Menschen. Wenn man von 8 % ausgeht, kommt man auf 40 Mio. Vegetarier in der Union. Da diese Entwicklung zunimmt, kann man sogar von 50. Mio. Vegetariern ausgehen. Daher ernähren sich ca. 10 % der EU-Bürger ohne Fleisch.

Brainteaser 114: Internet in den USA

Wie viele Internetnutzer gibt es in den USA bis 2025?

♥ Lösung
Die USA ist ein hoch entwickeltes Industrieland. Daher ist die Wahrscheinlichkeit sehr gering, dass weniger als 85 % der Bevölkerung kein Internet nutzt. Heutzutage leben in den Vereinigten Staaten ca. 330 Mio. Menschen. Man kann

annehmen, dass Kinder unter fünf Jahren sowie Personen über 85 kein Internet nutzen. Daher kann man davon ausgehen, dass 10–15 % der Bevölkerung kein Internet nutzen. Dabei kommt man auf einen heutigen Stand von ca. 290 Mio. Internetnutzern. Da es nicht vorstellbar ist, dass Kinder unter fünf Jahren oder ältere Personen ab 85 bis 2025 das Internet nutzen werden, könnte man bei einer Zahl von insgesamt 290 Mio. verbleiben. Berücksichtigt man jedoch den technischen Fortschritt, der den getroffenen Annahmen widerspricht, könnte man von einer Steigerung von ca. 1–2 % ausgehen. In der Summe kommt man auf ca. 293 Mio. Internetnutzer bis 2025.

Brainteaser 115: Reis in China

Wie viel Kilo Reis wird jährlich in China gegessen?

♦ Lösung

Ein Chinese braucht vielleicht eine Woche, um ein Kilo Reis zu verzehren. Ein Jahr hat 52 Kalenderwochen, was einem Konsum von 52 Kilo Reis pro Person entspricht. Bei einer Bevölkerung von etwa 1,3 Mrd. Menschen werden jährlich knapp 65 Mrd. Kilo oder 65 Mio. Tonnen Reis gegessen. Beachtet man, dass in Nordchina eher Nudeln gegessen werden und im Süden eher Reis verzehrt wird, kann man von ca. 50 bis 55 Mio. Tonnen Reis ausgehen.

12

Detektiv-Rätsel

Brainteaser 116: Café Hitchcock

Ein Besucher kommt ins Café und bittet um ein Glas Wasser. Die Kellnerin nimmt die Bestellung auf und geht weg. Nach einer Weile stellt sie sich hinter den Besucher und erschreckt ihn absichtlich. Der Besucher bedankt sich und verlässt das Café. Wie kann man das Verhalten der Kellnerin erklären?

♥ Lösung

Die Kellnerin hat gesehen, dass der Besucher Schluckauf hatte. Deswegen hat er ein Glas Wasser bestellt. Um dem Mann zu helfen, hat sie ihn auf ihre persönliche Art und Weise unterstützt. In einem normalen Café würde die Handlung der Kellnerin vielleicht kritisiert, im Café Hitchcock ist ein solches Verhalten jedoch akzeptabel.

© Springer Fachmedien Wiesbaden GmbH, ein Teil von
Springer Nature 2022
Y. Lantsuzovskyy, *Brainteaser für Anfänger und Fortgeschrittene*,
https://doi.org/10.1007/978-3-658-39342-7_12

Brainteaser 117: Nachtwächter

Ivan arbeitet als Nachtwächter im Zoo. Am Ende seiner Schicht kommt er zum Zooleiter und erzählt ihm von seinem Albtraum. „Letzte Nacht habe ich im Traum gesehen, wie Ihr Lieblingsaffe aggressiv war und Sie bei der Fütterung geschlagen hat." Der Zooleiter hat zugehört und hat sicherheitshalber einen Helm angezogen, bevor er zur Fütterung der Tiere ging. Ivan hatte recht. Der Lieblingsaffe war schlecht gelaunt und der Helm hat den Zooleiter vor Verletzungen geschützt. Später hat der Nachtwächter neben einem Dankesbrief auch eine Mahnung erhalten. Warum?

❢ Lösung

Ivan ist Nachtwächter. In der Nacht muss er arbeiten und nicht schlafen. Es war einerseits eine gute Tat von Ivan, den Zooleiter vor Gefahr zu warnen. Allerdings muss er auch seine Pflichten erfüllen. Das Schlafen gehört nicht zu den Aufgaben, für die er bezahlt wird.

Brainteaser 118: Leiche im Wald

Im Wald wurde eine Leiche gefunden. Auf den Schultern der Leiche hing ein Rucksack. Laut der Expertise wurde der Verstorbene weder vergiftet noch erschlagen, noch ist er erstickt. Zudem hatte er keinen Alkohol und keine anderen gefährlichen Substanzen im Blut. Es ist nur bekannt, dass es dem Mann klar war, dass er im Falle einer Bodenberührung sterben kann. Wie ist dieser Mensch gestorben?

❢ Lösung

Der Wald, ein Rucksack und keine Ermordung deuten darauf hin, dass der Mann freiwillig am jeweiligen Ort war.

Zudem war dem Verstorbenen bewusst, dass er sterben kann, wenn er den Boden berührt. Daher fällt die Möglichkeit des Wanderns in exotischen Gebieten aus. Eventuell war der Mann Fallschirmspringer und ist im Waldgebiet aus dem Flugzeug gesprungen. Da sich der Fallschirm nicht geöffnet hat, ist der Mann gestorben. Solche Anhaltspunkte wie z. B. keine Vergiftung, kein Erschlagen und keine gefährlichen Substanzen im Blut, weisen eindeutig darauf hin, dass der Mann tatsächlich mit einem defekten Fallschirm gesprungen ist und diesen Sprung nicht überlebt hat.

Brainteaser 119: Seltsamer Tod

Ein Investmentbanker wurde auf einer lauten Straße in seinem Auto tot aufgefunden. Als die Polizei kam, hielt der Banker eine Pistole in der einen Hand und ein Diktiergerät in der anderen. Als die Polizei den Play-Knopf auf dem Diktiergerät drückte, hörte sie Folgendes: Am Anfang erzählt der Banker über seine Schulden, dann weint er und anschließend gibt er einen Pistolenschuss ab. Ansonsten ist nichts auf dem Diktiergerät zu hören. Der Polizei war sofort klar, dass der Mann ermordet wurde. Wie kam die Polizei zu dieser Feststellung?

❢ Lösung

Die Polizei kam dank Diktiergerät zu der Feststellung, dass der Banker getötet wurde. Wenn man sich erschießt, kann man seine Rede nicht zurückspulen. Die Polizei konnte die Rede nach Drücken des Play-Knopfes jedoch von vorne hören. Wenn sich der Banker auf einer lauten Straße umgebracht hat, sollten zudem irgendwelche Auto- oder sonstige Geräusche (etwa von Menschen) auf dem Diktiergerät zu hören sein. Da die Rede von Anfang an zu hören war und zudem keine Geräusche vorhanden waren, waren dies klare Anhaltspunkte für eine Ermordung.

Brainteaser 120: Münzensammler

Ein Münzensammler hat zwei gleiche Münzen im Wert von jeweils 2 Mio. €. Eines Tages vernichtet er absichtlich eine der Münzen. Welche Logik steckt dahinter?

❢ Lösung

Auf den ersten Blick ist die Vernichtung einer sehr teuren Münze nicht nachvollziehbar. Man denkt zunächst an die Versicherung, die den Wert der Münze erstatten könnte. Da der Sammler selbst die Münze vernichtet hat, wird ihm kein Geld ausbezahlt. Eine Krankheit, schlechte Laune oder eine Depression wären auch möglich. Der Grund für die Vernichtung ist jedoch der Preis eines Exemplars. Je weniger Exemplare bleiben, desto teurer wird der Preis für die verbliebene Menge sein. Dabei steigt der Wert überproportional zur Anzahl der gebliebenen Einheiten. Durch die Vernichtung einer Münze beabsichtigte der Sammler, den Preis für die zweite Münze mehr als zu verdoppeln.

Brainteaser 121: Reichtum

Anastasia ist eine reiche Frau. Ein Jahr lang hat sie nur Urlaub gemacht und hat viel gefeiert. In diesem Jahr ist sie Millionärin geworden. Wie kann das sein?

❢ Lösung

Im Laufe des Jahres hat Anastasia viel ausgegeben. Dabei hat sie keine Einnahmen und keine Sponsoren gehabt. Um ihren Lebensstil dennoch zu ermöglichen, musste sie schon vor einem Jahr Milliardärin sein. Durch zahlreiche Aufwendungen ist ihr Vermögen gesunken. Demzufolge ist aus einer Milliardärin eine Millionärin geworden.

Brainteaser 122: Textilhändler

Ein Textilhändler hat einen kleinen Laden in der Innenstadt. Lange Zeit hat es ihn geärgert, dass drei politische Aktivisten täglich nah an seinem Schaufenster stehen und gegen ein städtisches Bauprojekt kämpfen. Mehrere Gespräche mit den Aktivisten, den Standort zu wechseln, haben keine Wirkung gezeigt. Mithilfe von 30 Hamburgern und 30 Bechern Kaffee ist es dem Händler gelungen, die Aktivisten auf Dauer zu beseitigen. Wie hat er das geschafft?

? Lösung

Man denkt zunächst sofort an Bestechung. Dies wäre zwar möglich, doch würde es für die Aktivisten Sinn machen, jeden Tag an den gleichen Platz zu kommen, um vom Händler nur Hamburger und Kaffee zu verlangen? In der Tat war der Textilhändler ein guter Psychologe. Eines Tages hat er den Agitatoren gesagt, dass er es sehr mag, wenn sie agitieren. Falls sie weiterhin vor seinem Laden stehen würden, würde er ihnen täglich einen Hamburger und einen Becher Kaffee schenken. Die ersten zehn Tage haben sich die Aktivisten darauf eingelassen und haben dafür ein Essen und ein Getränk erhalten. Am elften Tag hat der Textilhändler ihnen mitgeteilt, dass er ihnen nichts mehr geben wird. Daraufhin fühlten sich die Aktivisten beleidigt und entschieden, nicht mehr für umsonst dort zu stehen. Aus Enttäuschung darüber haben sie den Platz geräumt.

Brainteaser 123: Tim und Tina

Tim und Tina wurden zu Hause auf dem Boden tot aufgefunden. Sie lagen neben einer riesigen Wasserpfütze und
mehreren Glasscherben. Die einzigen Zeugen waren zwei
Katzen, die im Haus wohnen. Wie sind Tim und Tina
gestorben?

 Lösung
Das Wasser und die Glasscherben waren Teile eines Aqua-
riums. Tim und Tina waren Fische, die dort lebten. Als niemand zu Hause war, haben sich die Katzen gestritten. Als
Resultat sind sie um das Aquarium gelaufen und haben es
zerstört.

Brainteaser 124: Whiskey mit Eiswürfeln

Einer Dienerin hat es nie gefallen, dass die Königin sie nur
ausnutzt. Daher entscheidet sie, die Adlige zu vergiften. Die
Dienerin weiß, dass der König schnell und die Königin
langsam trinkt. Eines Tages bringt sie dem Ehepaar zwei
identische Gläser Whiskey mit Eiswürfeln. Der König
trinkt sofort und bleibt gesund. Die Königin trinkt langsam
und ist vergiftet. Wie ist es der Dienerin gelungen, ihr Ziel
zu erreichen?

 Lösung
Die Dienerin wusste, dass die Eiswürfel langsam schmelzen. Deswegen hat sie das Gift in die Würfel gelegt. Es war
ihr klar, dass der König nicht warten wird und den Whiskey
zügig trinkt. Da er die Eiswürfel nie kaut oder schluckt,
werden sie auch nicht wirken. Bei der Königin war es an-

ders. Da die Adlige Whiskey langsam genießt, hatten die Eiswürfel genug Zeit, um zu schmelzen. Dadurch kam das Gift ins Getränk und die Königin wurde vergiftet.

Brainteaser 125: Fang mich, wenn Du kannst

Patrik läuft von einer Menschengruppe weg. Von Zeit zu Zeit schießt er ein paar Mal und läuft weiter. Die Menschen, die Patrik ständig verfolgen, schießen auch und versuchen, Patrik möglichst schnell zu erreichen. Die Zeugen, die das alles sehen, mischen sich nicht ein, zeigen aber ihre Emotionen und schreien etwas, wenn sie möchten. Was ist hier los?

⸮ Lösung
Zuerst läuft Patrik und schießt dann ein paar Mal. Die anderen machen das Gleiche. Aus der Aufgabe geht hervor, dass niemand verletzt ist und die Zeugen sind auch nicht in Panik. Wo könnte das sein? Schießsport, und zwar im Biathlon-Wettbewerb! Der Erstläufer versucht Abstand zu den anderen zu halten, schießt beim Erreichen der Zielscheibe und läuft dann weiter. Die Zuschauer unterstützen ihre Lieblingsbiathlonsportler, indem sie in die Hände klatschen und jubeln/anfeuern.

Brainteaser 126: Nachtschlaf

Alexa kann in der Nacht nicht einschlafen. Daher versucht sie, sich zu entspannen und an ihren kommenden Urlaub auf Malta zu denken. Leider hilft ihr das nicht. Nun kommt sie auf die Idee, einen anonymen Anruf zu tätigen. Nach ein paar Sekunden hört sie die Stimme in der anderen Leitung und schläft zügig ein.

♥ Lösung
Alexa hat Pech mit ihrem Nachbar. Der Nachbar schnarcht und lässt Alexa nicht schlafen. Da die Wände dünn sind, kann sie auch nicht viel machen. Um ihr Problem doch zu lösen, hat Alexa zuerst versucht, nicht an das Schnarchen des Nachbarn zu denken. Sie hat darauf gewartet, dass der Nachbar aufhört oder zumindest leiser wird. Da es nicht passiert ist, hat sie ihn angerufen. Als der Mann dann wach war, hat sie den Anruf beendet und konnte einschlafen.

Brainteaser 127: Leben im Wald

Seit einer Weile lebt Marius tief im Wald. Er genießt dort den Winter und die Ruhe. Marius hat gehofft, dass er auf Dauer dort niemanden treffen wird. Eines Tages wurde er aber von einem Tier angegriffen. Als Folge hat er seine Nase und ein Teil des Körpers verletzt. Trotz dieser Verletzungen ist er am Leben geblieben. Ein paar Monaten später ist er aus einem anderen Grund gestorben. Wer war Marius?

♥ Lösung
Die geschilderte Situation liefert einige Anhaltspunkte – Winter, Tier, Köper- und Nasenverletzung. Das Sterben ein paar Monaten später könnte mehrere Gründe haben. Was ist aber mit dem Winterende? Marius war ein Schneemann, der im Wald stand. Die Nase von Marius wurde von einem Hasen beschädigt, der hungrig war.

Brainteaser 128: Prüfung

Der Tag der Prüfung ist da. Gernot kommt ins Auditorium, zieht einen Fragebogen und setzt sich, um seine Antworten vorzubereiten. Plötzlich hört er, wie der Prüfer mit einem Stift etwas auf den Tisch klopft. Gernot geht zum Prüfer, sagt „Danke" und besteht ohne Weiteres die Prüfung. Was war es für eine Prüfung?

❢ Lösung

Das war eine Morseprüfung. Das Morsealphabet dient in der Telegrafie zur Übermittlung von Buchstaben, Ziffern und Zeichen. Durch das Klopfen mit dem Stift hat der Prüfer mitgeteilt, dass Gernot die Prüfung automatisch besteht, falls er jetzt zu ihm kommt und „Danke" sagt.

Brainteaser 129: Bushaltestelle

An einem Ort wurde eine neue, ganz unauffällige Bushaltestelle gebaut. Von außen ist sie gut beleuchtet und gut zugänglich. Nur halten die Busfahrer nie an dieser Haltestelle an. Auch wenn eine Person an der Haltestelle steht und auf den Bus wartet, fährt der Busfahrer vorbei. Der Ort ist nicht kriminell. Es wohnen dort viele alte Menschen. Was ist besonders an dieser Haltestelle?

❢ Lösung

Eine Haltestelle, alte Leute und das Vorbeifahren deuten auf eine ganz reale Situation in Deutschland hin. Das Besondere an dieser Haltestelle ist das Haus, das neben der Haltestelle steht. Es ist ein Altenpflegeheim, in dem alte Leute mit altersbedingten Krankheiten (z. B. Altersdemenz) wohnen. Wenn diese Leute aufgrund ihrer Krankheit unbewusst das Pflegeheim verlassen möchten, suchen sie nach einem einfachen Weg, es umzusetzen. Die Bushaltestelle neben dem Pflegeheim ist eine perfekte Lösung für sie. Sie gehen dahin und warten auf den Bus. Die Pflegekräfte wissen dies und finden ihre Patienten dort.

Brainteaser 130: Strafbefehl

Die belgische Staatsanwaltschaft hat einen Strafbefehl gegen Mandy erlassen. Als die Polizei das Haus von Mandy in der belgischen Baarle-Hertog betrat, ist Mandy über die Hintertür in den Hinterhof gelaufen. Die Polizei hat entschieden, Mandy nicht zu verhaften, obwohl sie die Straftäterin im Hinterhof festhalten könnte. Was hat die Polizei bei der Planung der Festnahme Mandys nicht berücksichtigt?

♥ Lösung
Baarle-Hertog ist ein belgisches Gebiet in den Niederlanden. Es hat einen sehr komplexen Grenzverlauf zu dem niederländischen Gebiet Baarle-Nassau. Das Gebäude von Mandy mit ihrem Haupteingang liegt auf der belgischen Seite. Der Hinterhof ist aber auf der niederländischen Seite. Da die belgische Polizei keine Festnahmerechte in den Niederlanden hat, darf sie ohne besondere Erlaubnis Mandy nicht in den Niederlanden verhaften.

13

Dilemmas

Brainteaser 131: Qual der Wahl

Tobias besitzt eine bestimmte Geldmenge. Er hat drei Optionen, was er mit dem Geld machen kann. Zum einen könnte er mit seiner Familie zwei schöne Tage im Disneyland verbringen. Zum anderen könnte er das Geld spenden. Die dritte Option wäre, das seit einem Jahr begehrte Fahrrad zu kaufen. Was würden Sie Tobias raten?

❢ Lösung

Beim klassischen Dilemma geht es darum, zwischen gleichermaßen passenden oder nicht passenden Optionen zu wählen. Die Logik, die dahinter steckt, ist gründlich alle Alternativen zu vergleichen und sich für die geeignete zu entscheiden. Ist es wirklich ein guter Zeitpunkt, um ins Disneyland zu fahren? Soll man besser ein Teil des Geldes spenden und den Rest für einen billigeren Freizeitpark ausgeben? Braucht man unbedingt ein neues Fahrrad oder kann man auch ein gebrauchtes kau-

© Springer Fachmedien Wiesbaden GmbH, ein Teil von
Springer Nature 2022
Y. Lantsuzovskyy, *Brainteaser für Anfänger und Fortgeschrittene*,
https://doi.org/10.1007/978-3-658-39342-7_13

fen? Bei der Aufgabe schaut man, was in dieser Situation wichtig bzw. eilig ist. Man kann ganzjährig ins Disneyland fahren, das Geld spenden oder das Fahrrad kaufen. Wenn es jedoch problematisch erscheint, eine der Optionen zu wählen, könnte man einen Kompromiss eingehen. Das wäre zum Beispiel der Fall, wenn man nur einen Tag im Disneyland verbringt, einen Teil spendet und ein gebrauchtes Fahrrad in einem sehr guten Zustand erwirbt.

Brainteaser 132: Schmiergeld

Karen leitet ein wirtschaftlich schwaches Unternehmen. Um an ein vielversprechendes Projekt zu kommen, wird von ihr verlangt, Schmiergeld zu zahlen. Sie weiß, dass solche Zahlungen illegal und strafbar sind. Zudem fließt das Geld in die Taschen der korrupten Menschen und wird nicht zugunsten aller Bürger des Landes eingesetzt. Wenn sie kein Schmiergeld zahlt, wird der Auftrag an ein anderes Unternehmen vergeben. Zu welcher Option sollte Karin neigen?

❢ Lösung
Beim ethischen Dilemma ist man gezwungen, zwischen Optionen zu wählen, die im Widerspruch zu Richtlinien, Gesetzen oder Vorschriften stehen. Wenn man solch eine Tat begeht, dann verstößt man gegen definierte Normen. Begeht man die Tat nicht, erleidet man einen Verlust. Für das wirtschaftlich schwache Unternehmen ist es ein großes Dilemma zu entscheiden, was es mit der Aufforderung zur Schmiergeldzahlung machen soll. Falls die Firma nicht zahlt, zahlt der Konkurrent und gewinnt das vielversprechende Projekt. Karen als Leiterin soll nun entscheiden, was für sie und das Unternehmen wichtiger ist. Leider kommt man ohne illegale Zahlungen nicht zum Ziel. Eine

logische Überlegung wäre daher, eine Beschwerde bei den entsprechenden Organen einzulegen oder gemeinsame Kontakte zu finden, die helfen würden, den Entscheidungsträger zu beeinflussen.

Brainteaser 133: Autofahrt bei Regen

Georg fährt mit dem Auto zur Arbeit. Auf dem Weg fängt es an, stark zu regen und es wird sehr windig. An einer Kreuzung sieht er drei Personen: einen alten Herrn, dem es schlecht geht, einen guten Freund, der ihm viel in schwierigen Situationen geholfen hat und seine Nachbarin, die er längst ansprechen wollte, aber nie erreichen konnte. Alle sind nass und benötigen Unterstützung. Wie soll sich Georg in diesem Fall verhalten?

Lösung

Von einem moralischen Dilemma spricht man, wenn man zwischen richtig und falsch entscheiden muss. Dabei geht es nicht um Richtlinien oder Vorschriften, sondern um Werte, Einstellungen und Überzeugungen einer Person. Bei dem vorgegebenen Dilemma könnte man denken, dass man unbedingt zuerst dem alten Herrn helfen soll. Jedoch wäre es auch unmenschlich, den guten Freund nass auf der Straße stehen zu lassen, der Georg mehrmals unterstützt hat. Gleichzeitig könnte man alle Fragen mit der Nachbarin klären, die nie erreichbar ist. Logisch wäre es, kaltblütig alle drei Optionen einander gegenüberzustellen und sich nach gründlicher Überlegung für eine zu entscheiden. Man könnte Georg vorschlagen, das Auto dem Freund zu übergeben und ihn bitten, den alten Herrn zum Arzt zu bringen. Als Folge könnte Georg die Zeit nutzen, um mit der Nachbarin zu reden. Dabei soll der Mann nicht vergessen, seinen Arbeitgeber anzurufen und ihn über eine wetterbedingte Verspätung zu informieren.

Brainteaser 134: Öffentlicher Nahverkehr

Andrea fährt mit dem Bus. Als sie einen alten Mann, eine Schwangere und einen Jungen mit Gipsbein sieht, möchte sie jemandem von ihnen ihren Sitzplatz anbieten. Es fällt ihr schwer zu entscheiden, wem sie den Platz anbieten soll. Welche Entscheidung soll Andrea treffen?

♥ Lösung

In dieser Situation handelt es sich um ein klassisches Dilemma. Zweifelsohne benötigen alle drei Menschen Hilfe. Jedoch ist schwer zu sagen, ob der alte Herr tatsächlich so schwach und kraftlos ist wie die Schwangere oder der Junge mit dem Gipsbein. Zudem könnte es sein, dass einer von den Dreien gleich aussteigt oder ein bisschen stehen möchte. Bei diesem Dilemma wäre es einfacher, den Platz freizumachen und allen drei zu zeigen, dass sie selbst entscheiden können, wer sich hinsetzt. Dann muss man nicht lange überlegen, welche Entscheidung die beste ist. Zugleich begeht man eine gute Tat, ohne Zeit zu verlieren. Die drei Personen werden sich kurz austauschen und sich zügig einigen. Für den Fall, dass der alte Mann kaum stehen kann, wird dieser höchstwahrscheinlich den Sitzplatz annehmen. Ansonsten wird die Schwangere den Platz gerne annehmen.

Brainteaser 135: Whistleblower

Kevin arbeitet als Informatiker beim staatlichen Geheimdienst. Laut Gesetz verspricht der Staat, die Daten seiner Bürger zu schützen. In der Tat überwacht der Geheimdienst illegal die Aktivitäten der Bürger. Als Kevin das erfährt, möchte er es offenlegen. Jedoch ist er durch den Arbeitsvertrag gebunden, die Vertraulichkeit aller Informationen zu bewahren. Welchen Rat würden Sie Kevin geben?

❓ Lösung

In diesem ethischen Dilemma ist abzuwägen, welche Folgen die Offenlegung mit sich bringen würde. Dabei betrachtet man Kevin und den Staat separat. Wenn Kevin seinen Vorgesetzten über die Entdeckung informiert, wird sein Chef nicht überrascht sein. Falls Kevin jedoch den Bürgern die Verstöße offenlegt, wird er vom Chef bzw. Geheimdienst wegen Missachtung interner Regeln bestraft. Der Staat selbst wird den staatlichen Geheimdienst für solche Aktivitäten nicht bestrafen. Es gibt genügend Staaten, die verschiedene Daten über ihre Bürger sammeln und diese für unterschiedliche Zwecke analysieren. Zwar kann dies gesetzeswidrig sein, allerdings hat der Staat die höchste Gewalt im jeweiligen Land. Daher wird Kevin einerseits mehr Transparenz im Umgang mit den Daten der Bürger schaffen. Zudem gewinnt er großen Respekt in der Bevölkerung. Andererseits riskiert er, seine Arbeit zu verlieren und bestraft zu werden.

Brainteaser 136: Karriere oder Familie

Pascal ist ein gut ausgebildeter Mensch mit internationaler Erfahrung. Seit der Schulzeit wollte er eine Familie gründen und gleichzeitig seine Karriere voranbringen. Vor ein paar Jahren ist es ihm gelungen, seine Traumpartnerin zu finden, die er bald heiraten möchte. Eines Tages ruft ihn sein Chef ins Büro und bietet ihm an, ein multinationales Projekt mit optimalen Aufstiegsmöglichkeiten zu leiten. Als Voraussetzung muss Pascal für die nächsten drei Jahre jede Woche vier Tage lang vom Auslandsbüro aus arbeiten und von dort das Projekt führen. Alternativ könnte er sich fest für zweieinhalb Jahre im Ausland niederlassen, um das Projekt zu managen. Die Traumpartnerin ist dagegen, kann sich im jeweiligen Land nicht vorstellen zu leben und will auch keine Wochenendbeziehung führen. Was soll Pascal in dieser Situation machen?

♥ Lösung

Bei diesem moralischen Dilemma soll Pascal zwischen Karriere und Familie wählen. Er soll möglichst beide Optionen logisch abwägen. Wenn er das angebotene Projekt betrachtet, bietet es wirklich einen exzellenten Karrieresprung? Wie sieht seine Karriere nach dem Aufstieg aus? Pascal könnte mit seinem Chef sprechen und ihn fragen, ob es unbedingt erforderlich ist, jede Woche im Ausland zu sein. Skype, E-Mails und sonstige Kommunikationsmittel können viele Besprechungen vor Ort ersetzen. Dann könnte Pascal jede zweite Woche im Ausland verbringen und alle direkten Termine an diesen Tagen organisieren.

Wenn es um die Familie geht, ist die Beziehung zur Traumpartnerin sehr fest? Denkt er, dass er auch nach der Heirat und auch noch fünf Jahre danach in Harmonie mit ihr leben wird? Eventuell kennt die Partnerin das jeweilige Land nicht so gut.

Zudem irrt sie sich vielleicht über die Lebensbedienungen dort. Es ist auch nicht auszuschließen, dass die Traumpartnerin Stabilität und keine Abenteuer mehr haben will. In dieser Situation könnte Pascal seine Partnerin fragen, warum sie so konservativ eingestellt ist, über seine langjährig angestrebte Karriere erzählen und nach einem Kompromiss suchen. Im schlimmsten Fall sollte sich Pascal darüber Gedanken machen, was für ihn wichtiger ist. Aus Erfahrung weiß man, dass sich oft ein Kompromiss finden lässt.

14

Grafische Brainteaser

Brainteaser 137: Reise

Bestimmen Sie den fehlenden Wert:

$$\text{🖼} \times \text{🖼} \times \text{🖼} = 8$$
$$\text{🖼} + \text{♫} + \text{♫} = 14$$
$$\text{🚗} \times \text{🖼} \times \text{♫} = 36$$
$$\text{🚗} + \text{🖼} \times \text{♫} = \text{?}$$

❢ Lösung

Die Antwort ist 30. Die erste Gleichung liefert den Wert für ein Bild von zwei Einheiten. Die zweite Gleichung lässt berechnen, dass eine Note sechs Einheiten wert ist. Wenn man diese Information in die dritte Gleichung einbezieht, erhält man den Wert für das Auto von drei Einheiten. Nun

© Springer Fachmedien Wiesbaden GmbH, ein Teil von
Springer Nature 2022
Y. Lantsuzovskyy, *Brainteaser für Anfänger und Fortgeschrittene*,
https://doi.org/10.1007/978-3-658-39342-7_14

hat man alles für die vierte Gleichung. Hier muss man aber beachten, dass im Auto eine Musik mit einem Halbton spielt und es zwei Bilder gibt. Der fehlende Wert beträgt $(3 + 3) + (2 + 2) \cdot 6 = 30$.

Brainteaser 138: Zeit

Bestimmen Sie den fehlenden Wert:

Lösung

Die Antwort ist 49. Die erste Gleichung liefert die Werte für das Haus und seine sechs Wände. Drei Häuser sind 90 Einheiten wert. Daher ist ein Haus 30 Einheiten wert sowie eine Wand fünf Einheiten wert. Die zweite Gleichung zeigt die Uhr. Es gibt drei Uhren, die 1:00 Uhr zeigen. Somit ist eine Uhr bzw. eine Stunde zwei Einheiten wert. Die dritte Gleichung liefert die Werte für die Sonne und ihre acht Sonnenstrahlen. Da jede Sonne acht Einheiten wert ist, sind die einzelnen Sonnenstrahlen eine Einheit wert. Die vierte Gleichung hat ein Haus mit fünf Wänden, eine Uhr, die gerade 4:00 Uhr zeigt und die Sonne mit 16 Sonnenstrahlen. Der fehlende Wert beträgt $(5 \cdot 5) + (4 \cdot 2) + 16 = 49$.

Brainteaser 139: Kontakte

Bestimmen Sie den fehlenden Wert:

♥ Lösung

Die Antwort ist 40. Die erste Gleichung liefert den Wert für einen Figurenkreis in Höhe von drei Einheiten. Die zweite Gleichung lässt ermitteln, dass ein Kontaktzettel sechs Einheiten beträgt. Die dritte Gleichung gibt den Wert für ein Frauenprofil wieder. Dafür braucht man den Wert für einen Mann, der leicht aus der ersten Gleichung bestimmt werden kann. Da ein Figurenkreis mit drei Männerprofilen drei Einheiten beträgt, ist ein Mann dann gleich eine Einheit wert. Demzufolge beträgt ein Frauenprofil fünf Einheiten. Die letzte vierte Gleichung hat zwei verschiedene Operationen – Multiplikation und Division. Dabei ist zu beachten, dass der Männerkreis um eine Frau erweitert ist, auf der Kontaktkarte nicht ein Mann, sondern eine Frau ist und zwei Männer in die Berechnung einzubeziehen sind. Der fehlende Wert beträgt $(3 + 5) \cdot (6 - 1 + 5) \div 2 = 40$.

Brainteaser 140: Quader

Bestimmen Sie die fehlende Figur:

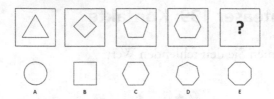

Lösung

Die Antwort ist Bild D. Im ersten Quader befindet sich ein Dreieck, das aus drei Linien besteht. Im zweiten Quader liegt ein Rhombus, der aus vier Linien gebaut wird. Wenn man dieser Logik folgt, soll im letzten Quader eine Figur sein, die aus sieben Linien konstruiert ist. Das ist ein Siebeneck aus dem Bild D.

Brainteaser 141: Elemente

Bestimmen Sie die fehlende Figur:

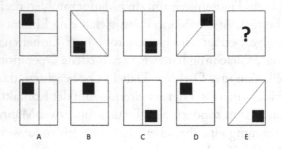

Lösung

Die Antwort ist Bild D. Man soll zwei Elemente, nämlich den Quader und die Linie separat voneinander betrachten.

Der Quader bewegt sich gegen die Uhrzeit und geht von oben nach unten und von links nach rechts. Die Linie bewegt sich nach der Uhrzeit und dreht sich um 45 Grad. Wenn man den Verlauf der beiden Elemente anschaut, merkt man, dass als Nächstes der Quader rechts oben und eine horizontale Linie kommt. Diesen Zustand zeigt Bild D.

Brainteaser 142: Domino

Welcher Dominostein passt in die vorgegebene Logik nicht?

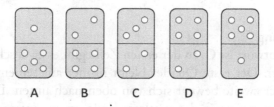

⚑ Lösung

Die Antwort ist C. Alle Dominosteine haben die Augenzahl sechs. Nur der Dominostein C hat die Augenzahl fünf, drei Punkte oben und zwei Punkte unten.

Brainteaser 143: Vermisste Figur

Bestimmen Sie den fehlenden Teil:

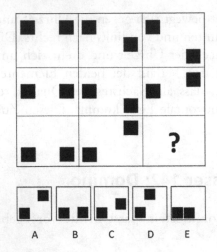

A   B   C   D   E

◊ Lösung

Die Antwort ist C. In der ersten Zeile gibt es zwei schwarze
Quader. Der erste Quader bleibt immer auf seinem Platz
und der zweite bewegt sich von oben nach unten. Das erkennt man auch in der mittleren Zeile. In der unteren Zeile
beginnt der kleine schwarze Quader seine Bewegung von
unten. Da er bis jetzt von oben nach unten ging, muss als
Nächstes die Figur C kommen.

Brainteaser 144: Punkte

Bestimmen Sie den fehlenden Punkt:

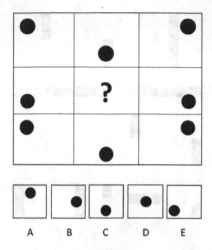

♥ Lösung

Die Antwort ist A. In der oberen Zeile springt der Punkt von oben links nach unten Mitte und wieder oben rechts. Das Gleiche passiert auch in der unteren Zeile. Die mittlere Zeile startet mit dem Kreis unten. Daher muss er zuerst nach oben springen (Bild A) und danach nach unten rechts landen.

Brainteaser 145: Balken

Bestimmen Sie den fehlenden Balken:

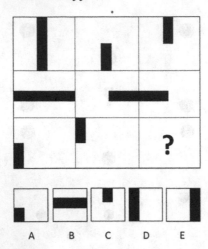

Lösung

Die Antwort ist D. Um auf diese Lösung zu kommen, muss man aufmerksam die Bewegung der Balken nachvollziehen. In der oberen Zeile sieht man zuerst einen geraden Balken. Er bewegt sich nach unten und man sieht in der Mitte oben nur einen Teil von ihm. Anschließend bewegt er sich weiter und landet oben rechts. Die gleiche Logik erkennt man, wenn man die mittlere Zeile analysiert. Anstatt eines vertikalen Balkens ist jetzt der horizontale Balken dran. In der unteren Zeile startet der Balken unten links nah an der Seite, dann bewegt er sich und kommt nach oben. Anschließend fehlt noch ein ganzer Balken im rechten Quader rechts nahe an der linken Seite. Die fehlende Figur ist hier das Bild D.

15

Mix&Match

Brainteaser 146: Hände schütteln

An einem Workshop nehmen 6 Personen teil. Wie viele
Hände werden geschüttelt, wenn jeder jedem die Hand gibt?

♦ Lösung
Bei 6 Personen hat die erste Person 5 Möglichkeiten. Sie
schüttelt jedem die Hand außer sich selbst. Der zweiten
Person bleiben 4 Möglichkeiten, und zwar mit jedem außer
sich und der ersten Person. Die dritte Person hat nur noch
3 Möglichkeiten, die vierte 2 Möglichkeiten und die fünfte
eine Möglichkeit. Insgesamt kommt man auf 15 Möglichkeiten zum Händeschütteln. Man kommt zum gleichen Ergebnis, wenn man die folgende Formel nutzt:

$$E = \frac{n(n-1)}{2} = \frac{6(6-1)}{2} = 15$$

© Springer Fachmedien Wiesbaden GmbH, ein Teil von
Springer Nature 2022
Y. Lantsuzovskyy, *Brainteaser für Anfänger und Fortgeschrittene*,
https://doi.org/10.1007/978-3-658-39342-7_15

Brainteaser 147: Wasserspiegel

Ein Boot schwankt auf dem See. Nun wurde ein Anker ans Boot montiert. Was passiert mit dem Wasserspiegel: Sinkt er, bleibt er gleich oder steigt er?

Lösung

Mit dem Einbau des Ankers drückt der Anker stärker auf das Boot. Als Folge geht das Boot tiefer ins Wasser und sinkt immer weiter. Dadurch steigt der Wasserspiegel und man sieht im Wasser mehr vom Boot. Diese Eigenschaft erkennt man leicht, wenn man selbst in ein Boot steigt. Das Boot wird immer tiefer ins Wasser sinken und der Wasserspiegel wird immer höher.

Brainteaser 148: Wahrheit oder Lüge

Nika ist zum ersten Mal in Salzburg. Als sie ins Süßwarenhaus kommt, sieht sie zwei Händler, die Mozartkugeln anbieten. Der Erste verkauft nur originale Kugeln und sagt immer die Wahrheit. Der Zweite verkauft nachgemachte und lügt, um viele Kunden zu gewinnen. Die beiden Händler kennen einander und wissen, wer was anbietet. Welche Frage muss Nika an die beiden Händler stellen, um herauszufinden, wo die originalen Mozartkugeln sind?

Lösung

Der Trick ist, eine Frage zu finden, die von beiden Händlern gleich beantwortet wird. Wenn der erste Verkäufer eine Antwort und der andere eine andere Antwort gibt, führt das nicht zum Ziel. Nika soll die folgende Frage stellen: „Was würde mir Ihr Konkurrent sagen, wenn ich ihn fragen würde, wo ich originale Mozartkugeln kaufen kann?" Der erste Händler ist ehrlich. Er wird das wiedergeben, was sein Konkurrent sagt. Da der zweite Händler nachgemachte Kugeln verkauft und lügt, würde er Nika zu sich bitten. Daher würde der erste Verkäufer ehrlich die Worte des zweiten Händlers wiedergeben und Nika zum zweiten Verkäufer schicken. Umgekehrt weiß der zweite Händler, dass der erste originale Kugeln verkauft und Nika zu sich bitten würde. Da der Zweite lügt, wird er Nika nicht sagen, dass sie zum Ersten gehen soll. Der zweite Händler würde dann Nika bei sich behalten und ihr mitteilen, dass sie bei ihm, dem zweiten Händler, bleiben soll. Nun weiß Nika, dass der zweite Händler falsche Mozartkugeln verkauft. Daher sollte sie zum ersten Verkäufer gehen, um dort die originalen Kugeln zu kaufen.

Brainteaser 149: Gestohlenes Gold

Der Juwelier Max hat den Auftrag erhalten, 25 Goldstatuen je 100 g pro Stück herzustellen. Er beauftragt seine 5 Angestellten je 5 Statuen zu machen. Nun erfährt er, dass einer von den Mitarbeitern betrügt und 1 g weniger Gold in jede Statue legt. Wie kann Max herausfinden, welcher der Angestellten lügt, wenn er eine grammgenaue Küchenwaage hat und nur einmal wiegen kann?

♠ Lösung
Zuerst sollte Max jedem Mitarbeiter eine Nummer vergeben. Danach sollte er je nach Nummer des jeweiligen Kollegen die Anzahl der Statuen von jedem Angestellten anfordern. Beispielsweise müsste der erste Mitarbeiter eine Statue abgeben, der zweite zwei usw. Insgesamt wird Max $1 + 2 + 3 + 4 + 5 = 15$ Goldstatuen erhalten, die zusammen 1500 g wiegen müssen. Da die Statuen weniger als 1500 g wiegen, ist der Wert, um den das Ergebnis abweicht, die Nummer des jeweiligen Betrügers. Um das zu verdeutlichen, wird nun angenommen, dass beispielsweise der

dritte Angestellte betrügt. Daher werden seine drei Statuen nicht 300 g, sondern 297 g wiegen. Insgesamt werden die gesammelten Statuen anstatt 1500 g nur 1497 g wiegen. Der Unterschied ist die Nummer des gesuchten Diebs.

Brainteaser 150: Weinfund

Meeresforscher haben im Atlantischen Ozean 20 Weinflaschen gefunden. 90 % der Flaschen sind Rotwein und die restlichen 10 % Perlwein. Wie viele Flaschen Rotwein sollen die Forscher trinken, um dessen Anteil auf 80 % zu reduzieren?

⚡ Lösung

Vom Gefühl her würde man ca. 2 bis 3 Flaschen Rotwein sagen. In der Tat ist es nicht so. Absolut gesehen sind von den 20 gefundenen Flaschen nur 2 Flaschen Perlwein. Mit dem Konsum von Rotwein steigt zwar der relative Anteil an Perlwein, der absolute Anteil bleibt jedoch unverändert. Wenn der Perlwein-Anteil ursprünglich bei 10 % lag, ist sein Anteil nach dem Gebrauch einiger Flaschen Rotwein auf 20 % gestiegen. Daher beträgt die neue Gesamtmenge 10 Flaschen (2 Flaschen – 20 % und x Flaschen – 100 % → x = 2/0,2). Darunter sind 8 Flaschen Rotwein und 2 Flaschen Perlwein. Um auf 8 Flaschen Rotwein zu kommen, müssen die Meeresforscher von den ursprünglichen 18 Flaschen genau 10 Flaschen trinken.

Brainteaser 151: Einkaufszentrum

Das Einkaufszentrum MILA wurde zuerst in Form eines Quaders gebaut. Da es Platzmangel bei der Grundfläche gab, hat der Architekt das Zentrum in die Höhe projektiert.

Die kürzere Seite der Grundfläche betrug 10 Meter und die längere 20 Meter. Die Höhe lag bei 40 Meter. 15 Jahre später wurde MILA umgebaut und die daneben liegenden Grundstücke wurden zum Zentrum dazugerechnet. Nach dem Umbau hat das Einkaufszentrum eine quadratische Form erhalten und jede Seite betrug nun 40 Meter. Um wie viel Mal ist die Oberfläche von MILA größer geworden, nachdem es rekonstruiert wurde?

❢ Lösung

Die Oberfläche ist die Summe aller Flächen eines Objekts. Beim Quader und Würfel ist es die Summe der Grundfläche, der Mantelfläche und der Deckfläche, die gleich der Grundfläche ist. Die Grundfläche eines Quaders ergibt sich als Produkt der kürzeren und der längeren Seite, also 200 m². Die Mantelfläche berechnet sich durch die Multiplikation der jeweiligen Seite der Grundfläche mit der Höhe des Quaders. Daher beträgt die kürzere Seitenfläche 400 m² und die längere 800 m². Bei vier Seiten beträgt die Mantelfläche des Quaders 2400 m². Die Deckfläche ist parallel zur Grundfläche und ist gleich 200 m². Als Resultat beträgt die Oberfläche von MILA vor dem Umbau 2800 m².

Wenn man alle Flächen des Würfels nach dem gleichen Prinzip wie beim Quader berechnet, ergibt sich eine Grundfläche von 1600 m², eine Mantelfläche von 6400 m² und die „Dachfläche" von 1600 m². Als Ergebnis beträgt die Oberfläche von MILA nach dem Umbau 9600 m². Im Vergleich zur alten Konstruktion ist die Oberfläche des neuen Einkaufszentrums um ca. das Dreifache gewachsen.

Brainteaser 152: 9 – 13 – 19

Gibt es eine Logik hier? 9 – 13 – 19 – 23 – 35 – __

♥ **Lösung**

Der Unterschied zwischen der ersten und der zweiten Zahl ist 4, zwischen der zweiten und der dritten Zahl 6. Danach folgen die Differenzen 4 und 12. Man merkt, dass 4 oft vorkommt. Nach 4, 6, 4 und 12 soll wieder 4 auftauchen. Daher soll die nächste Differenz 4 sein und die vermisste Zahl ist somit 39.

Brainteaser 153: 2 – 10 – 25

Welches Ordnungsprinzip steckt dahinter? 2 – (–10) – (–25) – (–43) – __

♥ **Lösung**

Man merkt sofort, dass die nachfolgenden Zahlen immer kleiner und negativ werden. Die Differenzen zwischen den Zahlen –12, –15 und –18 bestätigen das. Die nächste Differenz soll um drei Punkte größer sein als beim Vorgänger, also –21 betragen. Daraus folgt, dass die gesuchte Zahl –64 ist.

Brainteaser 154: Geburtstag

Vor einer Woche war Melanie 20 Jahre alt. Im nächsten Jahr wird sie bereits 23 Jahre alt. Wie kann das sein?

♥ **Lösung**

Wenn man annimmt, dass heute der 1. Januar ist, dann war Melanie noch am 24. Dezember 20 Jahre alt. In der Woche darauf, zwischen dem 25. und 31. Dezember, ist sie 21 Jahre alt geworden. Daher wird sie in diesem Jahr 22 Jahre alt und im nächsten bereits 23 Jahre alt.

Brainteaser 155: Eieruhr

Im Studentenwohnheim ist die Herdplatte kaputt. Um auf einer schwachen Temperatur Eier zu kochen, benötigt Gerda 9 Minuten. Wenn die Studentin eine 4-Minuten- und eine 7-Minuten-Sanduhr besitzt, wie kann sie genau 9 Minuten messen?

♦ Lösung

Im ersten Schritt dreht Gerda sowohl die 4-Minuten- als auch die 7-Minuten-Sanduhr um. Nach 4 Minuten ist die erste Sanduhr leer und die zweite hat noch 3 Minuten Laufzeit. Im zweiten Schritt dreht sie wieder die 4-Minuten-Sanduhr um. Nach 7 Minuten ist die zweite Sanduhr leer und die erste hat noch 1 Minute Laufzeit. Jetzt dreht Gerda im dritten Schritt die 7-Minuten-Sanduhr noch einmal um und lässt sie 1 Minute laufen, bis die erste Uhr leer ist. In 1 Minute ist die 4-Minuten-Sanduhr genau 2-mal durchgelaufen, also 8 Minuten. Zudem ist die 7-Minuten-Sanduhr 1 Minute lang in der zweiten Runde gelaufen. Im vierten und letzten Schritt dreht Gerda die 7-Minuten-Sanduhr noch einmal um, die gerade in der zweiten Runde nur 1 Minute gelaufen ist. Insgesamt ist die 7-Minuten-Sanduhr einmal vollständig und zweimal je 1 Minute gelaufen. Zusammen sind es 9 Minuten, die Gerda zum Eierkochen benötigt.

Brainteaser 156: Fuchs, Hase und Möhren

Der Bauer reist mit einem Fuchs, einem Hasen und einem Sack Möhren. Unterwegs kommt er zu einem Fluss, den er überqueren muss. Glücklicherweise findet der Bauer ein kleines Boot, in das nur er zusammen mit dem Fuchs, dem Hasen oder dem Möhrensack passt. Der Bauer weiß, dass er den Fuchs mit dem Hasen sowie den Hasen mit dem Möhrensack nicht alleine lassen sollte. Wie schafft es der Bauer sich, seine Begleiter und den Möhrensack über den Fluss zu bringen?

❢ Lösung

Am Anfang bringt der Bauer den Hasen hinüber und kommt alleine zurück. Danach überquert er den Fluss mit dem Fuchs, lässt ihn dort und kommt mit dem Hasen zurück. Im weiteren Verlauf tauscht er den Hasen mit dem Möhrensack, bringt den Sack ans andere Ufer und fährt alleine zurück. Am Ende nimmt er den Hasen und überquert den Fluss noch einmal.

Brainteaser 157: Stunden- und Minutenzeiger

Wie oft überdecken sich Stunden- und Minutenzeiger am Tag?

❢ Lösung

An einem Tag überdecken sich die Stunden- und Minutenzeiger 22 Mal. Wenn man zur Vereinfachung den Zeitraum von 12 Stunden nimmt, erfolgt das 11 Mal, und zwar zu den folgenden Uhrzeiten: 00:00 Uhr, 01:06 Uhr, 02:11 Uhr, 03:16 Uhr, 04:22 Uhr, 05:27 Uhr, 06:33 Uhr, 07:38 Uhr, 08:44 Uhr, 09:49 Uhr und 10:55 Uhr.

Brainteaser 158: Archäologischer Fund

Der Archäologe Frank hat bei einer Ausgrabung in Athen einige Münzen gefunden. Als er die Münzen anschaute, waren diese auf das Datum „II vor Christus" datiert. Der Archäologe hat sofort die Münzen als gefälscht eingestuft. Was gab Frank den Hinweis dafür?

❢ Lösung

Im zweiten Jahrhundert vor Christus wussten die Leute nicht, dass zwei Jahrhunderte später Christus kommt. Daher konnten Originalmünzen mit diesem Datum nicht datiert werden.

Brainteaser 159: Zehntausend Schritte

Die dreijährige Alina hat von ihrer Freundin gehört, dass zwischen dem Haus ihrer Eltern und ihrer Großmutter zehntausend Schritte liegen. An einem Tag beschließt das Mädchen, dies zu überprüfen. Wenn man annimmt, dass sie zwei Stunden Zeit dafür hat und für einen Schritt eine Sekunde braucht, schafft Alina dann ihr Experiment?

❢ Lösung

Für zehntausend Schritte benötigt Alina zehntausend Sekunden. Zwei Stunden, die sie insgesamt zur Verfügung hat, ergeben 7200 Sekunden. Daher schafft Alina nur ca. zwei Drittel ihres Experiments.

Brainteaser 160: Brötchen auf nüchternen Magen

Im Vorstellungsgespräch wurde ein Kandidat gefragt „Wie viele Brötchen kann man auf nüchternen Magen essen?" Welche Antwort soll der Kandidat geben?

❢ Lösung

Nur ein Brötchen. Wenn man zum Beispiel zwei oder mehr Brötchen isst, gilt das erste als das Essen auf nüchternen Magen. Die restlichen werden nicht mehr auf den leeren Magen gegessen, da ein Brötchen schon davor verzehrt wurde.

Brainteaser 161: Haartrockner in Katar

Warum soll ein Katarer einen Haartrockner kaufen, wenn es immer warm in Katar ist? (5–7 Möglichkeiten)

♥ Lösung
Image, Design, Tauschgegenstand, Selbstverteidigung, Geldverschwendung, Umsatzförderung des Herstellers, Möglichkeit, jemanden beim Baden zu töten (Kurzschluss), Geschenk, Produkt kopieren und im Ausland verkaufen.

Brainteaser 162: Vermarktung eines Buches

Zu welchen Maßnahmen kann ein unbekannter Autor greifen, um sein erstes Buch zu vermarkten? (4–6 Möglichkeiten)

♥ Lösung
Ausgedruckte und E-Book Version anbieten, einige Buchexemplare verlosen, kostenlose Leseprobe organisieren, Rabattaktionen anbieten, Geleitwort einer berühmten Person einholen, Werbung in der Presse oder online machen, an Buchmessen teilnehmen, das Buch an die Kundenwünsche bezüglich der Größe, Gewicht usw. anpassen.

Brainteaser 163: Bonbons in Boeing

Wie viele Bonbons passen in eine Boeing 787?

♥ Lösung
Die Boeing 787, die auch als Dreamliner bezeichnet wird, ist ca. 60 m lang, fast 15 m hoch und ungefähr 15 m breit.

Daher beträgt ihr Volumen ca. 13.500 m³. Wenn man den Platz für den Motor, die Innenausstauung und sonstige Gegenstände abzieht, kommt man auf einen Freiraum von ca. 9000 m³. Ein Bonbon ist dagegen ca. 3 cm lang, vielleicht 1,5 cm breit und fast 1 cm hoch. Somit beträgt sein Volumen knapp 4,5 cm³ oder 0,0000045 m³. Da es beim Liegen aufeinander zwischen den einzelnen Bonbons kleine Räume gibt, rechnet man mit ca. 20 % Extravolumen für jedes Bonbon. Somit ist das Bonbonvolumen gleich 5 cm³ oder 0,000005 m³. Wenn man das Volumen der Boeing durch das Volumen eines Bonbons dividiert, erhält man knapp 1,8 Mrd. Bonbons, die in eine Boeing 787 passen.

Brainteaser 164: Verlorenes Geld

Wie viel Geld liegt in einer Lidl-Filiale pro Tag auf dem Boden?

⏻ Lösung

Eine Lidl-Filiale ist pro Tag etwa 12 Stunden geöffnet. Pro Stunde sind dort knapp 100 Einkäufer, was ca. 1200 Personen pro Tag entspricht. Jeder 50. Besucher könnte eine Münze verlieren, die im Schnitt vielleicht 20 Cent wert ist. Jeder 500. Besucher könnte eine weitere Münze auf den Boden werfen, die ungefähr einen Wert von 1 € hat. Also liegen in einer Lidl-Filiale fast 7 € pro Tag auf dem Boden. Da etwa die Hälfte der Einkäufer die Münzen von anderen Besuchern sieht und vom Boden aufhebt, liegen in einer Lidl-Filiale ca. 4 € jeden Tag auf dem Boden.

Brainteaser 165: Manhattan

Wie schwer ist Manhattan?

♥ Lösung

Auf den ersten Blick erscheint es unmöglich, das Gewicht Manhattans zu bestimmen. Die Antwort auf diese Frage kann der Bürgermeister New Yorks eventuell selbst nicht geben. Ziel ist es jedoch, nicht die richtige Zahl zu nennen, sondern vielmehr den Lösungsweg, die Struktur und die kritische Herangehensweise aufzuzeigen. Vielleicht weiß man aus der Presse oder der Enzyklopädie, dass Manhattan eine Insel in New York City ist. Die Faktoren, die das Gewicht bestimmen, sind vor allem Gebäude, Menschen und Verkehrsmittel. Der Trick der Aufgabe ist, dass diese Parameter nur eine Nebenrolle spielen. Der Hauptfaktor ist der Boden, auf dem die Bebauungen, Menschen usw. sind.

Man nimmt an, dass Manhattan die Form eines Quaders hat. Daher nutzt man die Volumenformel für den Quader, $V = a \cdot b \cdot c$, wobei a und b die Länge und Breite der Insel sind und c die Tiefe (nicht die Höhe) ist.

Länge und Breite Manhattan ist in der Länge deutlich größer als in der Breite. Man kann sich vorstellen, dass es ca. 10 bis 12 Avenues hat. Jede Avenue hat Häuserblöcke, die etwa 200 bis 300 m lang sind. Somit kommt man auf eine Breite von ungefähr 3 km. In der Tat sind es zwischen 1,3 und 3,7 km. Für die Länge kann angenommen werden, dass die Insel 6-mal so lang wie die Breite ist. Als Resultat geht man von 18 km aus. In der Tat sind es knapp 21,6 km. Daraus ergibt sich eine Grundfläche von 54 km².

Tiefe Die Tiefe ist eine komplexe Frage. Um diese genau zu bestimmen, sollte man bohren. Zur Vereinfachung nimmt man an, dass sie 5 km beträgt. Dementsprechend kommt man auf ein Volumen von 270 km³. Nun ist der Boden kein leichter Stoff, sondern besteht aus Granit. Ein Kubikmeter Granit wiegt eventuell 1 bis 1,5 Tonnen, was umgerechnet in km^3 ca. 1 Mrd. Tonne pro km^3 entspricht. Als Ergebnis beträgt das Gewicht von Manhattan 270 Mrd. Tonnen.

Nebenfaktoren Wenn man kein Gewicht für Bebauungen, Menschen und Verkehrsmittel berechnen möchte, kann man vom Zusatzgewicht von ca. 10 bis 20 Mrd. Tonnen ausgehen. Ansonsten sollte man die folgenden Annahmen machen und die Werte anhand dieser bestimmen: Die Insel ist stark bebaut und nur ein sehr kleiner Teil aller Gebäude hat 70 bis 100 Stockwerke. Schätzungsweise geht man davon aus, dass es auf der Insel 50.000 Bebauungen mit ca. 40 bis 60 Etagen gibt. Im Durchschnitt wiegt ein Hochhaus wegen seiner Bauart (Beton, Stahl) und des Inhalts (Fahrstühle, Möbel, Fenster) ungefähr 200.000 Tonnen. Man kommt somit auf 10 Mrd. Tonnen für alle Gebäude auf der Insel. In Manhattan wohnen ungefähr 1,5 Mio. Menschen. Jeder wiegt ca. 70 kg. Daher kommen noch 105 Mio. kg oder 105.000 Tonnen dazu. Verkehrsmittel wie Autos, Busse und Eisenbahn wiegen insgesamt zwischen 2 bis 3 Mrd. Tonnen. Als Begründung könnte man von 1,5 Tonnen für einen Pkw, 60 Tonnen für einen Lkw und 5000 Tonnen für einen Zug ausgehen. Dann sollte man schätzen, wie viele Autos, Busse und Züge in Manhattan fahren. Zusammengefast erhält man als Gesamtgewicht für die Nebenfaktoren ca. 13 Mrd. Tonnen.

Insgesamt wiegt Manhattan knapp 283 Mrd. Tonnen. Wenn man den Wert kritisch betrachtet, erscheint einem das Gewicht für eine solch vollbebaute Insel gefühlsmäßig plausibel zu sein. Ohnehin wird man in der Praxis nie einen Vergleichswert finden.

Man sieht, dass es viele Faktoren, Unklarheiten und Unsicherheiten gibt. Eine Person, die kein Architekt oder Ingenieur ist, wird im besten Fall nur ziemlich nah bei den

Schätzungen liegen. Wichtig ist, einen guten Lösungsweg aufzuzeigen, der strukturiert und nachvollziehbar ist. Eine kritische Herangehensweise ist dabei unentbehrlich.

Brainteaser 166: Lösegeld

In Amsterdam wurde das Kind eines Diamantenhändlers entführt. Um es zurückzubekommen, musste der Vater in eine bestimmte Telefonzelle gehen und dort laut einer versteckten Anweisung einen Diamanten von 30 Karat übergeben. Als der Vater das gemacht hat, konnte die Polizei weder den Entführer noch den Diamanten finden. Der Polizei war es schon sofort nach der Übergabe klar, dass es unmöglich wird, den Entführer mit dem Diamanten zu finden. Wie hat der Entführer das geschafft?

⸙ Lösung
Der Entführer hat in der Telefonzelle eine Taube versteckt. Als der Diamantenhändler in die Telefonzelle kam, hat er dort einen Zettel gefunden, in dem stand, dass er den Diamanten in einen kleinen Sack am Bein der Taube hineinlegen und dann die Taube freilassen muss. Die Polizei, die darauf spekuliert hat, dass der Verbrecher oder sein Mittäter zur Übergabe kommt, hat sich verrechnet.

Brainteaser 167: Geschenk

Nach einem Juwelier-Überfall wurde Alberto zu drei Jahren Haft verurteilt. Im Rahmen der Untersuchung findet die Polizei bei ihm zu Hause einen Teil des gestohlenen Schmuckes. Der restliche, noch teurere Teil fehlt aber. Nach einem Jahr im Gefängnis entscheidet Alberto seiner Freundin ein kleines Geschenk zu machen. Ende August schreibt er einen

Brief an sie und erwähnt dort nebenbei, dass der restliche Teil des gestohlenen Schmucks in ihrem Obstgarten versteckt ist. Wo genau der Schmuck liegt, sagt er nicht. Die Polizei liest den Brief durch, gräbt an mehreren Orten im Obstgarten der Freundin um, findet aber nichts. Was war die Idee des Geschenks Albertos?

♀ Lösung
Alberto sitzt seit einem Jahr im Gefängnis. Bis jetzt hat er seiner Freundin geholfen, sich um ihren Obstgarten zu kümmern. Da er aktuell nicht bei ihr sein darf, muss die Freundin allein ihren Garten umgraben. Alberto hat entschieden, seine Freundin zu unterstützen und mithilfe der Polizei ihren Obstgarten teilweise umzugraben.

Brainteaser 168: Umzug in eine andere Stadt

Karl macht sich Gedanken, aus einer kleinen Stadt in eine große umzuziehen. Er ist der Ansicht, dass er in einer großen Stadt bessere Perspektiven für sein Start-up haben wird. Konkret hat er noch nichts vor. Er fragt Sie, ob es eine gute Entscheidung wäre, in einer großen Stadt zu wohnen und dort zu arbeiten.

♀ Lösung
Eine große Stadt bringt viele Möglichkeiten und Herausforderungen mit. Die Vorteile sind eine bessere Infrastruktur, neue Kontakte und diverse Kultureinrichtungen. Zudem hat man mehr Abwechslung und viele Eindrücke am Tag. Es ist leichter, hoch qualifizierte Arbeitskräfte zu rekrutieren, attraktive Absatzwege zu finden und verschiedene Messen in kurzer Zeit zu besuchen. Darüber hinaus kommen viele Neuerungen stets erst in die große Stadt und erst danach in die kleine.

Neben vielen Vorteilen haben riesige Städte auch Nachteile. Die Herausforderungen einer großen Stadt sind zum Beispiel Lärm, Umweltverschmutzung und Überbevölkerung. Man braucht mehr Zeit für die Fahrten, die Infrastruktur ist nicht immer gut und einiges läuft nur über Kontakte, die man noch herstellen muss. Es gibt einen starken Wettbewerb, der nicht unbedingt transparent und übersichtlich ist. Zudem können die Mietpreise und Mitarbeitergehälter noch höher sein als es in einer kleinen Stadt der Fall wäre. Mit dem Umzug verliert man oft langjährige Freunde, alte Bekannte und eine gemütliche Atmosphäre, die man zu Hause hat. Daher muss sich Karl gründlich überlegen, wie erfolgreich sein Start-up sein könnte, ob es schon Konkurrenten auf dem Markt gibt und ob er sein Geschäft von zu Hause aus starten soll. Erst wenn er mit seiner Idee potenzielle Investoren bzw. Kunden gewinnt, könnte er umziehen.

Brainteaser 169: Geometrie

Bestimmen Sie den fehlenden Wert:

$$
\begin{aligned}
\text{⬠} + \text{⬡} + \text{⬠} &= 33 \\
\text{⚛} \times \text{⚛} - \text{⬠} &= 25 \\
\text{⁛} \times \text{⬠} - \text{⚛} &= 38 \\
\text{⬠} + \text{⚛} + \text{⁛} &= \, ?
\end{aligned}
$$

♀ Lösung

Die Antwort ist 11. Aus der ersten Gleichung lässt sich leicht berechnen, dass das Fünfeck mit seinem Inhalt 11 Einheiten beträgt. In der zweiten Gleichung liefern die zwei gleiche Figuren den Wert von jeweils 6 Einheiten. Die dritte Gleichung ermöglicht festzustellen, dass 4 Punkte den Wert von 4 Einheiten haben. Die letzte Gleichung hat eine kleine Überraschung. Im Fünfeck ist nur das Quadrat zu finden. Zwei Diagonalen, die im Quadrat waren, sind nicht mehr da. Zudem ist nur mit 3 Punkten, anstatt mit 4 zu rechnen. Deswegen rechnet man aus der ersten Gleichung den Wert einer einzigen Seite und kommt auf das Ergebnis, dass eine Seite gleich eine Einheit ist. Aus der dritten Gleichung ermittelt man den Wert für 1 Punkt, was genau 1 Einheit ist. Der fehlende Wert beträgt 9 + 6 ÷ 3 = 11.

Brainteaser 170: Pacman

Bestimmen Sie die fehlende Figur:

❢ Lösung
Die Antwort ist B. Bei dieser Aufgabe geht es um die horizontale und vertikale Entspiegelung der vorhandenen Figur.

Brainteaser 170: Pacman

Bestimmen Sie die Farben der ...

Lösung

Die Antwort ...

16

Aufgaben zur selbstständigen Lösung

Brainteaser 171: Diebstahl

Frank, Paul und Björn werden des Diebstahls verdächtigt. Beim Verhör sagt Frank, dass Paul oder Björn schuldig ist. Paul lehnt seine Teilnahme ab und beschuldigt Björn. Dagegen wehrt sich Björn, sieht sich als Opfer und weist auf Frank hin. Die Polizei weiß, dass nur einer der Verdächtigen die Tat begangen hat. Wie kann die Polizei anhand der Aussagen bestimmen, wer der Dieb ist?

Brainteaser 172: Geschwister

Als Miriam 10 Jahre alt war, war ihr Bruder Eugen zweimal jünger als sie. Nun ist Miriam 30 Jahre alt geworden. Wie alt ist dann Eugen jetzt? Gehen Sie davon aus, dass Miriam und ihr Bruder am gleichen Tag Geburtstag haben.

© Springer Fachmedien Wiesbaden GmbH, ein Teil von Springer Nature 2022
Y. Lantsuzovskyy, *Brainteaser für Anfänger und Fortgeschrittene*, https://doi.org/10.1007/978-3-658-39342-7_16

Brainteaser 173: Viehfarm

Eine Viehfarm hat vor einiger Zeit ein paar Kaninchen erworben. Diese sind auf einem rechteckigen Grundstück untergebracht, das durch einen Zaun mit einer Länge von 14 m eingekreist ist. Das Verhältnis zwischen der kürzeren und der längeren Seite beträgt 3/4. Nun beschließt die Leitung der Farm, weitere Kaninchen zu kaufen und das jeweilige Grundstück zu vervierfachen. Wie viel Zaun muss die Leitung extra besorgen, um die gesamte Kaninchenfläche vollständig abzugrenzen?

Brainteaser 174: Kursleiter

Professor Schmid wurde gefragt, wie viele Teilnehmer er in seinem Kurs hat. Der Professor konnte sich nicht erinnern. Jedoch wusste er, dass die Hälfte der Teilnehmer aus Deutschland, ein Viertel aus Österreich, ein Siebtel aus der Schweiz und 3 Personen aus den USA sind. Wie viele Teilnehmer hat Professor Schmid in seinem Kurs gehabt?

Brainteaser 175: Ahh Pythagoras

Gegeben ist ein rechtwinkliges Dreieck mit den Seiten AB, BC und AD. Der Winkel <ABC beträgt 90°. AB ist gleich 15 cm, BC 20 cm und AC 25 cm. BD schneidet AC im Punkt D und bildet einen 90-Grad-Winkel. Wie groß ist BD? (Abb. 16.1)

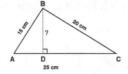

Abb. 16.1   Ahh Pythagoras

Brainteaser 176: 1 – 3 – 11

Gib es einen Trick in der Reihenfolge? 1 – 3 – 11 – 33 – 21 – __

Brainteaser 177: 13 – 30 – 45

Welche Zahl folgt als Nächstes? 13 – 30 – 45 – 58 – __

Brainteaser 178: Was ist gemeint?

Übermorgen ist der Tag nach dem Europatag. Welcher Tag war vorgestern?

Brainteaser 179: Rätsel 34

Gegeben sind die Zahl 3 und die vier Matheoperatoren addieren, subtrahieren, multiplizieren und dividieren. Kann man den Wert 34 erhalten, wenn man vier Dreien sowie alle beliebigen Matheoperatoren nutzt?

Brainteaser 180: Matheoperationen

Bei der Aufnahmeprüfung ins Gymnasium wurde Johanna gebeten, die folgende Gleichung zu lösen

$$x = \left(5 + \left(7 - 2 \cdot 3\right)\right) + 4 \cdot \left(5 - 3\right) - \sqrt[3]{27}$$

In welcher Reihenfolge muss sie die Gleichung berechnen, um den x-Wert zu finden?

Brainteaser 181: Kletterseil

Nach stundenlangem Klettern steht Michael an der Spitze eines 120 Meter hohen steilen Berges. Um nach unten zu kommen, will er sein Kletterseil sowie zwei Bäume nutzen, die an der Spitze und in der Mitte des Berges wachsen. Michael weiß, dass sein Kletterseil 90 Meter lang ist und das mitgenommene Messer sehr scharf ist. Wie kann er seine Idee verwirklichen? Die Knotenlänge kann man vernachlässigen.

Brainteaser 182: Firmenaudit

Bei einem Team, das permanent gegen Datenschutzregeln verstößt, wird ein Audit durchgeführt. Der Auditor weiß, dass die Teammitglieder kaum Vorschriften kennen und die restlichen einfach ignorieren. Als der Teamleiter im Rahmen der organisierten mündlichen Prüfung in Anwesenheit des Auditors die vorgegebenen Fragen dem Team vorliest, heben alle Angestellten die Hand hoch. Die Antworten sind bei allen ausgewählten Kollegen korrekt. Wie kann das sein?

Brainteaser 183: Längster Fluss der Welt

Welcher Fluss war der längste der Welt, bevor der Amazonas entdeckt wurde?

Brainteaser 184: Fahrrad in der Stadt

Welche Argumente sprechen dafür, mit einem Fahrrad anstatt eines Autos in der Stadt zu fahren? (5–8 Möglichkeiten)

Brainteaser 185: Erbsen in einer Dose

Wie viele Erbsen passen in eine 400-g-Dose?

Brainteaser 186: Unruhiger Junge

Joschua war sehr aufgeregt. Seine Aufregung war so groß, dass auch „sie" keine Ruhe hatte. Später hat man Blut und Tränen gesehen. Am Ende war Joschua der Einzige, der noch geschrien hat. Um was handelt es sich und wer ist „sie"?

Brainteaser 187: Verstopfte Nase

Markos Nase ist vollverstopft. Er kann nur noch über den Mund atmen. Als Marko zu Hause geschlafen hat, ist er gestorben. Dabei hat er davor nichts Gefährliches gegessen und es gab keinen Wohnungseinbruch. Andere Krankheiten als die Nasenverstopfung hat Marko nicht gehabt. Wovon ist Marko gestorben?

Brainteaser 188: Arbeit oder Freizeit

Eine alleinstehende Lehrerin benimmt sich tadellos in der Schule. In ihrer Freizeit mag sie es, eigene, teilweise erotische Fotos auf Facebook zu posten. Trotz mehrerer Beschwerden seitens der Schuleltern weigert sich die Lehrerin, ihre Lebensweise zu ändern. Sie begründet dies mit dem Recht, sich in der Freizeit mit Themen zu befassen, die nicht unbedingt zur Lehrtätigkeit gehören. In der Schule gibt die Lehrerin nie einen Hinweis auf ihre Hobbys.

Zudem kleidet sie sich auf dem Schulgelände immer zurückhaltend und spricht mit ihren Schülern nur über den schulrelevanten Stoff. Darf die Schulleitung die Lehrerin mahnen?

Brainteaser 189: Geld

Bestimmen Sie den fehlenden Wert:

£ – € – $ = 9
€ – $ – £ = -13
$ – £ – € = -15
£ ✕ € – $ = ?

Brainteaser 190: Scharfe Logik

Bestimmen Sie den fehlenden Teil:

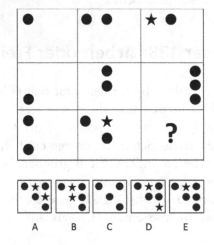

Lösungen zu den Aufgaben

❢ Brainteaser 171: Diebstahl
Den Dieb kann man identifizieren, indem man die Aussagen der Verdächtigen vergleicht. Falls Frank schuldig wäre, dann müssten die Aussagen von Paul und Björn übereinstimmen. Paul beschuldigt Björn und Björn deutet auf Frank. Da es keine Übereinstimmung gibt, ist Frank kein Dieb. Falls Paul die Tat begangen hat, dann müssten die Aussagen von Frank und Björn gleich sein. Frank sieht Paul als schuldig und Björn weist auf Frank. Daher ist Paul auch kein Dieb. Falls Björn der Täter ist, dann müssen die Aussagen von Frank und Paul übereinstimmen. Sowohl Frank als auch Paul sehen Björn schuldig. Deswegen ist Björn der gesuchte Dieb.

❢ Brainteaser 172: Geschwister
Nicht 15. Man könnte vermuten, dass die Proportion „halb so alt wie die Schwester" weiterhin bleibt. Jedoch ist es falsch. Der Altersunterschied zwischen den beiden Geschwistern beträgt lediglich fünf Jahre. Da Miriam 30 Jahre alt geworden ist, ist Eugen jetzt 25 Jahre alt.

❢ Brainteaser 173: Viehfarm
Beim rechteckigen Grundstück sind die Parallelseiten gleich. Das bedeutet, dass die Summe der kürzeren und längeren Seite die Hälfte der Zaunlänge ist, also 7 m. Da das Verhältnis zwischen den beiden Seiten 3/4 ist, beträgt die kürzere Seite 3 m und die längere 4 m. Aus der Schulzeit ist noch bekannt, dass die Gesamtfläche eines Rechtecks das Produkt der kürzeren und längeren Seite ist. Daher beträgt die Gesamtfläche 12 m². Durch die Erweiterung des Grundstücks ist die ursprüngliche Fläche vervierfacht worden.

Das heißt, dass die neue Gesamtfläche jetzt 48 m^2 beträgt. Daher ist

(1) $S_{kurz} \cdot S_{lang} = 48$
(2) $(S_{kurz})/(S_{lang}) = 3/4$

Die Berechnung der neuen Seitenlänge ergibt, dass die kürzere Seite 6 m und die längere 8 m ist. Als Folge betragen die vier Seiten des Rechtecks 28 m. Da der Farmleiter schon einen Zaun von 14 m hat, muss er nur noch einen weiteren Zaun von 14 m erwerben, um die gesamte Kaninchenfläche vollständig einzugrenzen.

¶ Braineaser 174: Kursleiter
Angenommen x ist die Anzahl der Teilnehmer. Daher waren $x/2$ aus Deutschland, $x/4$ aus Österreich und $x/7$ aus der Schweiz. Wenn man eine Gleichung erstellt, erhält man

$$\frac{x}{2} + \frac{x}{4} + \frac{x}{7} + 3 = x$$

Die Lösung der Gleichung ergibt, dass am Kurs 28 Personen teilgenommen haben.

¶ Braineaser 175: Ahh Pythagoras
Zur Lösung dieser Aufgabe muss der Satz des Pythagoras herangezogen werden. Aus der Schulzeit ist noch bekannt, dass dieser in einem rechtwinkligen Dreieck anwendbar ist. Laut Pythagoras gilt: Sind BD, DC und BC die Seiten eines rechtwinkligen Dreiecks, wobei BD und DC die Katheten sind und BC die Hypotenuse ist, dann gilt $BD^2 + DC^2 = BC^2$. Daraus folgt, dass

$$BD = \sqrt{BC^2 - DC^2}$$

ist. Um DC zu finden, sollte man die zwei Rechtecke BDC und BDA betrachten. In den beiden Rechtecken ist die Seite BD vorhanden. Unter Anwendung des Satzes des Pythagoras beträgt BD

(1) $BDC: BD^2 = 20^2 - DC^2$
(2) $BDA: BD^2 = 15^2 - (25 - DC)^2$

Da BD in den beiden Rechtecken gleich lang ist, stellt man die beiden Gleichungen gegenüber. Als Folge beträgt die Seite DC 16 cm. Jetzt hat man alle Werte, um die Seite BD zu finden. Nach dem Einsetzen in die erste Gleichung bekommt man die Länge der Seite BD von 12 cm.

♥ Brainteaser 176: 1 – 3 – 11

Auf den ersten Blick gibt es hier vielleicht keine Logik. Jedoch erkennt man, dass die erste, dritte und fünfte Zahl auf 1 endet, die zweite und vierte auf 3. Man merkt, dass die erste, dritte und fünfte Zahl ständig um 10 wächst und die zweite und vierte Zahl um 30 steigt. Wenn man der Logik folgt, dass die erste Zahl, nämlich 1, nur um 10 wächst und die zweite Zahl, nämlich 3, nur um 30 größer wird, dann kommt man auf die fehlende Zahl 63.

♥ Brainteaser 177: 13 – 30 – 45

Beim Bilden der Differenzen ergeben sich die Zahlen 17, 15 und 13. Daher ist eine abnehmende Zahlenreihenfolge zu erkennen. Die nächste Differenz soll 11 betragen. Dementsprechend ist die fehlende Zahl 69.

♥ Brainteaser 178: Was ist gemeint?

Der Europatag ist am 9. Mai. Daher ist unter dem Ausdruck „der Tag nach dem Europatag" der 10. Mai zu verstehen. Da es erst übermorgen ist, ist heute der 8. Mai. Demzufolge war vorgestern der 6. Mai.

Brainteaser 179: Rätsel 34
Auf den ersten Blick scheint die Aufgabe schwer zu sein. In der Tat ist die Aufgabe lösbar. Man muss dafür vier Dreien, ein Additions- und ein Divisionszeichen verwenden

$$33 + \frac{3}{3} = 34$$

Brainteaser 180: Matheoperationen
Im ersten Schritt führt Johanna alle Matheoperationen in den Klammern durch. In den linken Klammern sieht man die Klammern in den Klammern. Daher startet sie mit den inneren Klammern und erhält 1. Das Addieren dieser Zahl zu 5 ergibt den Wert 6. Die rechten Klammern liefern dagegen den Wert 2. Im zweiten Schritt führt man das Multiplizieren und Dividieren außerhalb der Klammern je nach Reihenfolge durch. Somit multipliziert Johanna 4 mit 2 und bekommt 8. Im letzten dritten Schritt führt sie das Addieren und Subtrahieren außerhalb der Klammern je nach Reihenfolge durch. Als Ergebnis erhält man 6 + 8 − 3 = 11.

Brainteaser 181: Kletterseil
Michael sollte das Kletterseil in zwei Teile schneiden: einmal auf 30 Meter und einmal auf 60 Meter. Das 30 Meter lange Seil muss er dann an der Seite um den Baum befestigen, die an der Bergspitze wächst. Auf der anderen Seite des Seils ist ein Knoten zu machen, wodurch das 60 Meter lange Seil je zur Hälfte geschoben werden soll. Damit hat der Kletterer ein Seil, das aus zwei Teilen besteht, nämlich aus den 30 Metern vom ursprünglich geschnittenen Seil und aus weiteren 30 Metern, die durch das Reinstecken des 60-Meter-Seils entstanden sind. Nach Erreichen des Baums in der Mitte des Berges kann Michael das 60 Meter lange Seil aus dem Knoten des 30-Meter-Seils herausziehen. Da

bis zum Boden nur noch 60 Meter bleiben, kann er diesen mit seinem verbliebenen Seil von 60 Metern erreichen.

⚑ Brainteaser 182: Firmenaudit
Der Teamleiter hat mit seinem Team eine Vereinbarung getroffen. Wenn jemand die richtige Antwort weiß, soll er die rechte Hand hochheben. Wenn nicht, dann soll er die linke Hand heben. Daher wusste der Teamleiter, wer welchen Kenntnisstand hat.

⚑ Brainteaser 183: Längster Fluss der Welt
Bereits vor seiner Entdeckung war der Amazonas der längste Fluss der Welt. Man wusste nur nicht, dass dieser Fluss der längste ist.

⚑ Brainteaser 184: Fahrrad in der Stadt
Umweltfreundlichkeit, kein Stau, keine Parkprobleme, Fahrten in alle Fahrtrichtungen, Trainieren der Beine, geringe Anschaffungskosten, keine Versicherungspflicht, kein Führerschein, absehbare Reparaturkosten, Nutzung aller Geschwindigkeiten, leichter Transport, einfaches Vermeiden von Zusammenstößen, manchmal schneller am Ziel als mit dem Auto.

⚑ Brainteaser 185: Erbsen in einer Dose
Die Antwort ist ca. 3000 Erbsen. Um auf diese Antwort zu kommen, sollte man das Volumen einer 400-g-Dose durch das Volumen einer Erbse teilen. Eine 400-g-Dose ist zylinderförmig. Zudem hat sie gefühlsgemäß einen Durchmesser von ca. 8 cm sowie eine sehr ähnliche Höhe. Unter dem Einsatz der Volumenformel für einen Zylinder ($V = \pi r^2 h$) erhält man das Volumen für eine 400-g-Dose von ca. 400 cm³. Der Durchmesser einer Erbse ist ungefähr 6 mm. Ihr Volumen lässt sich durch die Gleichung für das

Volumen einer Kugel bestimmen ($V = 4/3 \ \pi r^3$) und beträgt
ca. 110 mm³ bzw. 0,11 cm³. Da es beim Liegen aufeinander
zwischen den einzelnen Erbsen kleine Räume gibt, rechnet
man mit ca. 20 % Extravolumen für jede Erbse. Somit ist
das Erbsenvolumen gleich 0,13 cm³. Daher passen in eine
400-g-Dose ca. 3000 Erbsen.

♥ Brainteaser 186: Unruhiger Junge
Es handelt sich um Joschuas Geburt. Sie ist seine bio-
logische Mutter.

♥ Brainteaser 187: Verstopfte Nase
In Markos Haus kam es zum Gasleck. Da er über die Nase
nicht atmen konnte, konnte er den Geruch des Gaslecks
nicht rechtzeitig erkennen.

♥ Brainteaser 188: Arbeit oder Freizeit
Dieses Dilemma ist ein strittiger Fall. Was ist das Ziel der
Freizeit? Darf man außerhalb der Arbeitszeit das machen,
was man möchte? Müssen die Freizeitaktivitäten einiger-
maßen mit den Themen übereinstimmen, mit denen man
sich schon im Berufsleben beschäftigt? Daher sollte man
die Situation aus mehreren Blickwinkeln betrachten. Aus
der Sicht der Lehrerin ist es ihre Freizeit. Sie ist allein-
stehend und versucht eventuell auf diese Weise die Aufmerksamkeit der Männer auf sich zu lenken. Jedoch
macht sie das nicht in der Schule, gibt keine Hinweise an
ihrem Arbeitsplatz und verhält sich auf dem Schulhof
adäquat.

Aus der Sicht der Schuleltern ist ein solches Hobby für
einen Schulangestellten inakzeptabel. Die Eltern fürchten
sich vor einem negativen Einfluss auf ihre Kinder und
möchten ihre Abkömmlinge davor schützen.

Aus Sicht der Schulleitung beeinträchtigt dieser Fall den guten Ruf der Schule. Zudem versteht die Schulleitung die Befürchtungen der Eltern. Gleichzeitig kann die Leitung auch nachvollziehen, dass ihre Kollegin das Recht auf persönliche Hobbys hat.

Aus Sicht eines Dritten könnte man anbringen, dass viele Bilder mit erotischem Hintergrund im Internet kursieren; ob diese von der Lehrerin oder jemand anderem stammen, ist nicht wichtig. Ohnehin sind die Bilder von der Lehrerin auf Facebook wahrscheinlich weniger schlimm als viele Fotos, die man online findet.

In jedem Fall sollte auf alle Seiten Rücksicht genommen werden. Die Lehrerin ist einerseits auch ein Mensch mit gewissen Rechten, andererseits sollte sie auch ein gutes Beispiel für die Schüler sein, da sie deren Erziehung direkt und indirekt beeinflusst.

⚑ Brainteaser 189: Geld

Die Antwort ist 40. Die ersten drei Gleichungen sind ein Gleichungssystem mit drei Unbekannten.

$$\begin{cases} P - E - D = 9 \\ E - P - D = -13 \\ D - P - E = -15 \end{cases} \begin{cases} P = 9 + E + D \\ E = -13 + P + D = -13 + 9 + E + 2D \\ D = -15 + P + E = -15 + 9 + 2E + D \end{cases}$$

$$\begin{cases} P = 9 + E + D \\ 2D = 4 \\ 2E = 6 \end{cases} \begin{cases} P = 14 \\ D = 2 \\ E = 3 \end{cases}$$

Die vierte Gleichung hat keine Überraschung außer der Tatsache, dass man die ersten zwei Faktoren miteinander multiplizieren muss. Der fehlende Wert beträgt $14 \cdot 3 - 2 = 40$.

♀ Brainteaser 190: Scharfe Logik

Die Antwort ist E. In der ersten Zeile oben sind links ein Punkt und in der Mitte zwei Punkte. In der Summe ergeben sie drei Punkte, die dann in der ersten Zeile oben rechts sind. Falls zwei Punkte an der gleichen Stelle stehen, werden sie nicht zweimal eingetragen, sondern durch einen Stern ersetzt. In der mittleren Zeile sind im ersten Quader ein Punk unten und im zweiten Quader zwei Punkte oben und in der Mitte. Sie werden addiert und das Ergebnis steht im mittleren Quader rechts. Die dritte Zeile ist dagegen die Summe aus den oberen Zeilen. So z. B. ist der Quader links unten das Ergebnis aus den Punkten im oberen und mittleren Quader links. Demzufolge ist der Quader rechts unten die Summe über alle Punkte in dieser Abbildung. Es kommen zwei Punkte und ein Stern aus der unteren Zeile und drei Punkte aus der mittleren Zeile rechts. Das Bild E zeigt das grafisch dar.

17

Probetest 1

Brainteaser 191: Löcher (analytische Aufgabe)

Alex nimmt ein A4-Blatt-Papier und faltet es in zwei Hälften. Das Gleiche wiederholt er noch viermal. Dann steckt er drei Nadeln rein, um drei Löcher zu machen. Wie viele Löcher sieht Alex auf dem Blatt Papier, wenn er das Blatt komplett entfaltet?

Brainteaser 192: Schneideratelier (konzeptionelle Aufgabe)

2 Schneider können in 2 Tagen 4 Hemden schneidern. Wie viele Hemden können 3 Schneider in 5 Tagen machen?

© Springer Fachmedien Wiesbaden GmbH, ein Teil von Springer Nature 2022
Y. Lantsuzovskyy, *Brainteaser für Anfänger und Fortgeschrittene*,
https://doi.org/10.1007/978-3-658-39342-7_17

Brainteaser 193: 125 – 25 – 75 (Folgen und Reihen)

Welche Zahl fehlt hier? 125 – 25 – 75 – 15 – 45 – __

Brainteaser 194: Wasserflasche (Trial-and-Error)

Auf dem Tisch steht eine vollgefüllte Flasche mit 6 Litern Wasser. Daneben stehen zwei leere Flaschen mit je 3 und 4 Litern. Wie kann man genau 5 Liter Wasser bestimmen?

Brainteaser 195: Schale mit Kiwis (Fangfrage)

In einer Schale liegen sechs Kiwis. Wie kann man die Kiwis unter sechs Menschen gleich verteilen, sodass eine Kiwi am Ende in der Schale bleibt?

Brainteaser 196: Defekter Flaschenöffner (Querdenken)

Welche fünf Möglichkeiten gibt es, eine Flasche zu öffnen, wenn der Flaschenöffner defekt ist?

Brainteaser 197: Einkaufszentrum (Schätzung)

Wie viel Geld liegt in einem durchschnittlichen Einkaufszentrum einer Großstadt auf dem Boden?

Brainteaser 198: Wohnungsschlüssel (Detektiv-Rätsel)

Mehrere Wochen lang hat Kira verschiedene Methoden ausprobiert. Zuerst hat sie sich in der Nacht in ihrem Zimmer eingesperrt. Da es im Brandfall riskant wäre, hat sie einen Wecker gestellt, um mindestens einmal in der Nacht wach zu werden. Diese Idee war auch nicht optimal, da sie am nächsten Tag wegen der Schlafunterbrechung müde war. Nun bindet sich Kira seit einer Woche den Wohnungsschlüssel um ihren Fuß, bevor sie schlafen geht. Sie hofft, dass diese Methode ihr helfen wird. Wovon schützt sich Kira?

Brainteaser 199: Finanzhilfe für Afrika (Dilemma)

Dalisos Eltern wohnen im Kongo. Um die Eltern finanziell zu unterstützen, hat er bei seiner Bank in Paris eine zweite Karte für sein Konto auf den Namen seiner Freundin beantragt. Ziel ist es, die zweite Karte den Eltern zu übergeben, damit sie kostenlos im Kongo beim Bankpartner Geld abheben. Somit spart er bis zu 20 % an Gebühren, die eine externe Bank für die Umrechnung und die Geldabhebung verlangen würde. Eines Tages erfährt der Bankmitarbeiter von Dalisos Vorgehen. Zwar ist Daliso ein langjähriger Kunde bei der Bank, hat genug Geld auf dem Konto und war nie im Minusbereich. Jedoch bezweifelt der Bankangestellte das gesetzeskonforme Vorgehen des Kunden, kann seine Situation allerdings sehr gut nachvollziehen. Soll der Bankmitarbeiter die zweite Karte sperren?

Brainteaser 200: Umwelt (grafische Aufgabe)

Bestimmen Sie den fehlenden Wert:

$$
\begin{aligned}
\text{⚙} + \text{⚙} + \text{⚙} &= 12 \\
\text{⚙} + \text{🌱} + \text{🌱} &= 8 \\
\text{🌲} + \text{⚙} \times \text{🌱} &= 10 \\
\text{🚚} + \text{🌱} + \text{🌲} &= 6 \\
\text{🚚} \times \text{🌲} + \text{🌾} &= \text{?}
\end{aligned}
$$

Lösungen zum Probetest 1

⚑ Brainteaser 191: Löcher (analytische Aufgabe)

Beim ersten Falten beugt Alex ein Blatt Papier in zwei Hälften und erhält ein neues Blatt aus 2 Teilen. Beim zweiten Falten wird das Blatt aus 2 Teilen noch einmal gebeugt und besteht jetzt aus 4 Teilen. Nach dem dritten Falten besteht es aus 8 Teilen, nach dem vierten aus 16 und nach dem fünften aus 32 Teilen. Es ist leicht zu erkennen, dass sich die Anzahl der Seiten auf dem Blatt verdoppelt. Nachdem 3 Nadeln ins Blatt Papier gesteckt wurden, das aus 32 Teilen besteht, erhält Alex 96 Löcher. All diese Löcher kann er sehen, wenn er das Blatt entfaltet.

⚑ Brainteaser 192: Schneideratelier (konzeptionelle Aufgabe)

2 Schneider können in 2 Tagen 4 Hemden schneidern. Das bedeutet, dass 2 Schneider an einem Tag 2 Hemden machen (einfacher Dreisatz, weniger Tage → weniger Hemden). Daraus folgt, dass 1 Schneider an einem Tag 1 Hemd herstellt (weniger Schneider → weniger Hemden). Das führt dazu, dass 3 Schneider an einem Tag 3 Hemden

schneidern (mehr Schneider → mehr Hemden). Zudem können 3 Schneider in 5 Tagen genau 15 Hemden anfertigen (mehr Tage → mehr Hemden).

❗ **Brainteaser 193: 125 – 25 – 75 (Folgen und Reihen)**
Auf dem ersten Blick sieht man, dass die zweite Zahl 25 fünfmal kleiner als die erste Zahl 125 ist. Die dritte Zahl 75 ist dreimal größer als die zweite 25. Im Folgenden kann man die gleiche Vorgehensweise wiedererkennen. Daher soll 45 durch 5 geteilt werden, was die fehlende Zahl 9 ergibt.

❗ **Brainteaser 194: Wasserflasche (Trial-and-Error)**
Zuerst gießt man das Wasser aus der 6-Liter-Flasche in die 4-Liter-Flasche. Als Ergebnis hat man 2 Liter im ersten Gefäß und 4 Liter im zweiten. Danach gießt man 3 Liter aus der 4-Liter-Flasche in die 3-Liter-Flasche. Demzufolge ist im zweiten Gefäß 1 Liter und im dritten 3 Liter. Da man 5 Liter Wasser benötigt, gießt man die 3 Liter aus der 3-Liter-Flasche in die 6-Liter-Flasche, in der sich schon 2 Liter befinden.

❗ **Brainteaser 195: Schale mit Kiwis (Fangfrage)**
Die ersten fünf Menschen sollen je eine Kiwi erhalten. Der sechste Mensch soll dann eine Kiwi mit Schale bekommen.

❗ **Brainteaser 196: Defekter Flaschenöffner (Querdenken)**
Löffel, Schlüssel, Feuerzeug, Tischkante, Oberschenkel, Blatt Papier, Nagelclip, Heizkörper, Glasöffner, Münzautomat, Gürtelschnalle, Zaun, Schrauber, Reisestecker oder Schließblech in der Tür.

❗ **Brainteaser 197: Einkaufszentrum (Schätzung)**
Man kann annehmen, dass jeden Tag ca. 20.000 Kunden ein durchschnittliches Einkaufszentrum in einer Großstadt

besuchen. Wie viele davon verlieren ihr Geld? Vielleicht jeder Fünfzigste – also 400 Personen. Wie viel Geld verliert jeder im Schnitt? Eventuell sind das knapp 20 Cent. Insgesamt wären es also 80 €. Da fast die Hälfte der Besucher das Geld von den anderen Menschen sehen und aufheben, liegen im Kaufhaus im Schnitt 40 € am Tag auf dem Boden.

♀ Brainteaser 198: Wohnungsschlüssel (Detektiv-Rätsel)
Kira ist Nachtwandlerin. Sie kann im Schlaf das Bett verlassen und irgendwohin gehen. Um zu vermeiden, dass sie ihre Wohnung verlässt und die Tür zumacht, bindet sie den Wohnschlüssel um ihren Fuß.

♀ Brainteaser 199: Finanzhilfe für Afrika (Dilemma)
Der Bankmitarbeiter steht vor dem Dilemma, ob soziale Gedanken oder Bankregeln Vorrang haben. Zwar möchte die Bank ihre Kunden behalten, jedoch ist es für die Finanzanstalt ebenso wichtig, dass sich die Kunden regelkonform verhalten. Dalisos Entscheidung, die zweite Karte den Eltern zu übergeben, ist verboten. Allerdings kann er dadurch bis zu 20 % an Gebühren sparen und somit den Eltern mehr Geld zur Verfügung stellen. In dieser Situation ist es hilfreich, die Vor- und Nachteile für die Bank in Betracht zu ziehen. Die Vorteile sind der zufriedene Kunde und dass kein Bankenwechsel seitens Daliso vorgenommen wurde. Zudem hatte Daliso bislang keine Probleme mit der Zahlungsfähigkeit. Da er noch genügend Geld auf seinem Konto hat, kann die Bank dieses für Investitionen einsetzen oder einfach liquider sein. Die Nachteile sind, dass Daliso gegen die Regeln der Bank verstößt und sich nicht an den Gebühren beteiligt. Daher sollte sich der Bankmitarbeiter gründlich überlegen, ob Dalisos Vorgehen einen groben Regelverstoß darstellt und ob sich dieser Verstoß nachteilig auf das Geschäft der Bank auswirkt.

Brainteaser 200: Umwelt (grafische Aufgabe)

Die Antwort ist 18. Aus der ersten Gleichung kann man schnell den Wert für ein Rad von 4 Einheiten berechnen. Aus der zweiten Gleichung lässt sich der Wert für eine Windanlage bestimmen, der 2 Einheiten beträgt. Die dritte Gleichung hat auch keine verdeckten Stellen, außer dass das Rad mit der Windanlage multipliziert werden soll. Daher beträgt der Wert für die Bäume 2 Einheiten. Das Auto, das in der vierten Gleichung abgebildet ist, ist gleich 2 Einheiten. Die fünfte Gleichung hat ein Auto mit einem Rad, die Bäume und 2 Windanlagen anstatt von einer. Der fehlende Wert beträgt $(2 + 4) \cdot 2 + 4 = 18$.

18

Probetest 2

Brainteaser 201: Winkelgrad (analytische Aufgabe)

Wie groß ist die Summe aller Winkel im 10er-Eck?

Brainteaser 202: Therme (konzeptionelle Aufgabe)

In einer Therme wurde ein Baby-Schwimmbecken installiert. Man weiß, dass der erste Wasserhahn zwei Stunden benötigt, um das Schwimmbecken zu füllen. Der zweite benötigt vier Stunden und der dritte sechs Stunden. Wie viel Wasser wird sich nach 30 Minuten im Schwimmbecken befinden, wenn man alle drei Hähne gleichzeitig öffnet?

© Springer Fachmedien Wiesbaden GmbH, ein Teil von Springer Nature 2022
Y. Lantsuzovskyy, *Brainteaser für Anfänger und Fortgeschrittene*, https://doi.org/10.1007/978-3-658-39342-7_18

Brainteaser 203: Wochentag (Folgen und Reihen)

Welcher Tag ist in zwei Tagen, wenn vorgestern der Tag nach Freitag war?

Brainteaser 204: 1-Euro-Münze (Trial-and-Error)

Auf dem Tisch liegen neun gleiche 1-Euro-Münzen. Von außen sehen sie alle identisch aus. Nur eine der Münzen ist leichter als die anderen acht. Wie kann man anhand der Balkenwaage und zweimaligem Wiegen bestimmen, welche der Münzen die leichteste ist?

Brainteaser 205: Eintritt ins Kino (Fangfrage)

An der Kinokasse stehen zwei Väter und zwei Söhne. Wie viele Eintrittskarten sollen sie kaufen, um gemeinsam einen Film anzuschauen?

Brainteaser 206: Leere Flasche (Querdenken)

Nennen Sie 5 bis 6 Aktivitäten, die man mit einer leeren Flasche machen könnte.

Brainteaser 207: Smarties im Smart (Schätzung)

Wie viele Smarties passen in einen Smart?

Brainteaser 208: Besonderer Scheck (Detektiv-Rätsel)

Ein Mann hat seinen 75. Geburtstag im Restaurant gefeiert. Nach der Feier hat er einen Scheck in Höhe der zu begleichenden Summe ausgestellt. Auf der hinteren Seite dieses Schecks hat der Mann dem Restaurant ein paar Dankesworte geschrieben. Jahrelang hat das Restaurant den Scheck nicht eingelöst. Zudem hat es keine Ansprüche gegen das Geburtskind erhoben. Das Restaurant existiert weiterhin und hat weder diesen Mann noch die anderen Besucher als Kunden verloren. Wo liegt hier der Trick?

Brainteaser 209: Freundschaftskreis (Dilemma)

Seit der Kindheit sind Iris und Chloe gute Bekannte. In ihrem neuen Freundschaftskreis ist Chloe aber nicht beliebt. Nun lädt Micha, der auch ein Teil dieses Freundschaftskreises ist, alle einzeln zu seinem Geburtstag ein. Chloes Teilnahme ist unerwünscht. Iris weiß über diesen Fall, weiß aber nicht, was sie machen soll. Was würden Sie Iris empfehlen?

Brainteaser 210: Alphabet (grafische Aufgabe)

Welche Gruppe der Buchstaben bricht die vorgegebene Logik?

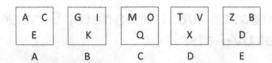

Lösungen zum Probetest 2

 Brainteaser 201: Winkelgrad (analytische Aufgabe)
Ein 10er-Eck sieht wie zehn Dreiecke zusammen aus. Allerdings fehlt bei dieser Figur die Dreieckspitze. Grafisch sieht dies wie folgt aus (Abb. 18.1):

Die Summe aller Winkel im Dreieck beträgt 180°. Beim 10er-Eck sind es 1800°. Da es keine Dreieckspitze im 10er-Eck gibt, muss diese abgezogen werden. Die Summe aller Winkel der Dreieckspitze beträgt 360°. Daher ist die Summe aller Winkel im 10er-Eck gleich 1800° – 360° = 1440°.

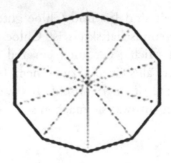

Abb. 18.1 Winkelgrad

? Brainteaser 202: Therme (konzeptionelle Aufgabe)
Wenn der erste Wasserhahn zwei Stunden braucht, um alleine das Schwimmbecken zu füllen, dann kann er in einer Stunde 1/2 des Beckens befüllen. Der zweite Wasserhahn füllt dann 1/4 und der dritte 1/6 des Schwimmbeckens in einer Stunde. Zusammen können die drei Wasserhähne

$$\frac{1}{2} + \frac{1}{4} + \frac{1}{6} = 1\frac{1}{12}$$

oder ungefähr 90 % des Schwimmbeckens füllen. Man weiß, dass eine Stunde aus 60 Minuten besteht. Gefragt ist nach der Wassermenge nach 30 Minuten. Daher beträgt die gesuchte Menge 11/24 oder 45 % des Schwimmbeckens.

? Brainteaser 203: Wochentag (Folgen und Reihen)
Vorgestern war der Tag nach Freitag, also Samstag. Da es vorgestern war, ist heute Montag. Dementsprechend ist in zwei Tagen Mittwoch.

? Brainteaser 204: 1-Euro-Münze (Trial-and-Error)
Zunächst teilt man die Münzen in drei Gruppen je drei Stück auf. Dann wiegt man eine Dreier-Gruppe gegen die andere Dreier-Gruppe und lässt die verbliebene Gruppe beiseite. Als Folge erhält man beim erstmaligen Wiegen zwei mögliche Fälle: (1) Die Waage ist ausgeglichen oder (2) die Waage ist nicht ausgeglichen.

Fall 1:

Ist die Waage ausgeglichen, dann befindet sich die gesuchte Münze in keiner der Waagschalen. Die leichteste Münze ist in der verbliebenen, noch nicht gewogenen Dreier-Gruppe.

Fall 2:

Ist die Waage nicht ausgeglichen, dann liegt die Münze in der Waagschale, die oben ist.

Als Nächstes sollte man die einzelnen Münzen aus der jeweiligen Dreier-Gruppe gegeneinander abwiegen. Dabei muss man die gleiche Logik wie beim ersten Wiegen verfolgen. Das heißt, zwei Einzelmünzen sind gegeneinander zu wiegen und die dritte Münze ist beiseitezulegen. Am Ende muss nur noch überprüft werden, ob die Waage ausgeglichen ist und wo sich die leichteste Münze befindet.

❓ Brainteaser 205: Eintritt ins Kino (Fangfrage)
Insgesamt benötigen sie drei Karten. Es handelt sich um Großvater, Vater und Sohn.

❓ Brainteaser 206: Leere Flasche (Querdenken)
Füllen, wegschmeißen, sammeln, als Kopfkissen verwenden, als Wärmflasche oder Blumenvase nutzen, als Kerzenhalter, Vorratsbehälter oder Wasserspender für Pflanzen einsetzen.

❓ Brainteaser 207: Smarties im Smart (Schätzung)
Die Antwort ist 7 Mio. Smarties. Um auf diese Antwort zu kommen, sollte man das Volumen eines Smarts durch das Volumen eines Smarties teilen. Die beiden Sachen sehen quadratförmig aus. Daher setzt man die Formel für das Volumen eines Quadrats ein – $V = a \cdot b \cdot c$. Ein dreitüriger Smart, den man oft auf der Straße trifft, ist deutlich kürzer als ein durchschnittliches Personenfahrzeug. Von der Breite und der Höhe ist er nur ein bisschen kleiner. Annäherungsweise ist ein Smart 2,5 m lang, 1,5 m bereit und 1,5 m hoch. Somit liegt sein Volumen bei 5,6 m³. Wenn man den Platz für den Motor, die Innenausstattung und sonstige Gegenstände abzieht, kommt man auf einen Freiraum von ca. 3,5 m³ oder 3,5 Mio. cm³. Ein Smartie ist vielleicht 1 cm lang, 1 cm breit

und 0,5 cm hoch. Daher beträgt sein Volumen 0,5 cm^3. Als Folge ergibt sich ein Wert von 7 Mio. Smarties $(3,5 \cdot 10^6)/(0,5)$, die ungefähr in einen Smart passen.

♥ Brainteaser 208: Besonderer Scheck (Detektiv-Rätsel)

Der Mann war eine sehr berühmte Person. Er hat gewusst, dass nach seinem Tod der Wert dieses Schecks höher sein wird. Um den Wert des Schecks noch stärker zu steigern, hat er auf der hinteren Seite dem Restaurant ein paar Dankesworte geschrieben. Der Inhaber des Restaurants hat den potenziellen Wert des Schecks erkannt und hat gewartet, bis er irgendwann diesen Scheck versteigern könnte.

♥ Brainteaser 209: Freundschaftskreis (Dilemma)

Iris soll sich Gedanken machen, warum Cloe in ihrem neuen Freundschaftskreis unbeliebt ist. Liegt es vielleicht an einem Missverständnis, einer internen Auseinandersetzung oder einer bestimmten Gewohnheit von Chloe? Zwar ist es nicht schön, Micha zu fragen, warum er Chloe nicht eingeladen hat. Trotzdem wäre es falsch, nichts zu machen, wenn es um eine sehr gute Freundin geht.

Um alle zu versöhnen, könnte Iris mit allen einzeln über Chloe sprechen. Zudem könnte sie ein Badminton-, Freeze- oder Tennis-Event vorschlagen. Durch die Durchführung von Aktivitäten, die für alle interessant sind, kommt man schneller zur gemeinsamen Sprache.

Zudem könnte Iris aufgrund von unerwarteten Umständen ihre Anwesenheit am Geburtstag absagen. Aus dem Sachverhalt ist es nicht ersichtlich, ob es sich um ein Jubiläum von Micha handelt. Falls sie doch zum Geburtstag von Micha gehen würde und Chloe es später erfahren würde, könnte eine langjährige Freundschaft zwischen den beiden Mädels beendet werden. Man weiß nicht, ob Iris Beziehungen in ihrem neuen Freundschaftskreis so lange und so gut halten werden wie die Beziehung zwischen ihr und Chloe.

❢ Brainteaser 210: Alphabet (grafische Aufgabe)
Die Antwort ist Gruppe D. Jede Gruppe der Buchstaben
besteht aus drei Buchstaben, wobei dem ersten Buchstaben
A der übernächste Buchstabe C und anschließend der übernächste Buchstabe E folgt. Nach E kommen dann die über-
nächsten Buchstaben G, I und K. Logisch wäre es, wenn
nach Q S, U und W stehen würden. Stattdessen stehen T,
V und X.

19

Probetest 3

Brainteaser 211: Notoperation (analytische Aufgabe)

Bei einem Autounfall sind drei Passagiere lebensgefährlich verletzt worden. Der Arzt, der nicht weit vom Unfallort entfernt war, bereitet sich vor, alle Verletzten zu operieren. Nun stellt sich heraus, dass es in seinem Notfallkoffer nur noch zwei ungeöffnete Packungen an Operationshandschuhen gibt. Wie kann der Arzt alle drei Verletzen steril an der Unfallstelle operieren?

Brainteaser 212: Mutter und Sohn (konzeptionelle Aufgabe)

Die Mutter ist 3-mal älter als ihr Sohn. Vor zehn Jahren war sie 7-mal älter als er. Wie alt sind die beiden heute?

© Springer Fachmedien Wiesbaden GmbH, ein Teil von Springer Nature 2022
Y. Lantsuzovskyy, *Brainteaser für Anfänger und Fortgeschrittene*,
https://doi.org/10.1007/978-3-658-39342-7_19

Brainteaser 213: Deutsche Städte (Folgen und Reihen)

Gegeben sind fünf Städte in Deutschland. Welche Stadt soll dazukommen? Aachen, Essen, Ingolstadt, Oldenburg und _____ .

Brainteaser 214: Zwei Seile (Trial-and-Error)

Torsten hat zwei Seile entwickelt, die jeweils zwei Stunden lang brennen. Die Geschwindigkeit, mit der sie abbrennen, ist nicht gleich. Eines der Seile ist zum Beispiel bereits nach 20 Minuten zu 95 % abgebrannt, das andere jedoch nur zu 10 %. Wie kann Torsten anhand der beiden Seile genau 90 Minuten bestimmen?

Brainteaser 215: Tulpen im Wunderland (Fangfrage)

Im Wunderland wachsen die Tulpen nach einem bestimmten Prinzip: Jeden Tag verdoppelt sich die Anzahl der Tulpen im Vergleich zum vorherigen Tag. Beispielsweise gibt es am ersten Tag eine Tulpe, am zweiten bereits zwei, am dritten vier usw. Nach 20 Tagen ist das Wunderfeld voll mit schönen Tulpen. An welchem Tag gibt es im Wunderland genau die Hälfte aller Tulpen?

Brainteaser 216: 5G für alte Leute (Querdenken)

Wie kann man einem 75-Jährigen erklären, was 5G, die fünfte Generation im Mobilfunk, ist?

Brainteaser 217: Katzen in Deutschland (Schätzung)

Wie viele Katzen gibt es in Deutschland?

Brainteaser 218: Pistolenschuss (Detektiv-Rätsel)

Olaf stirbt nach einem Pistolenschuss. Seine Kollegen, die Zeuge dieses tragischen Falls waren, wussten davor ganz genau, wo und wann es passieren sollte. Zudem wollten sie den Pistolenschuss nicht verhindern. Auch nach dem Fall kamen sie nicht sofort auf die Idee, Olaf zu helfen und den Mörder festzuhalten. Wie kam es dazu?

Brainteaser 219: Wohnung für einen Bekannten (Dilemma)

Ihr guter Bekannter hat wichtige Angaben in seiner Mieterselbstauskunft verschwiegen, um einen Vorsprung bei der Wohnungsvergabe zu erhalten. Ihnen ist bekannt, dass auf der Warteliste eine Person steht, die in einer schwierigeren Lage als ihr Freund ist. Was würden Sie tun?

Brainteaser 220: Farbige Figuren (grafische Aufgabe)

Bestimmen Sie die fehlende Figur:

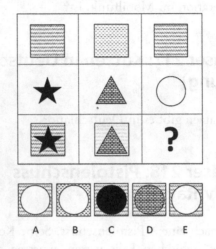

Lösungen zum Probetest 3

♥ Brainteaser 211: Notoperation (analytische Aufgabe)
Zuerst sollte der Arzt die beiden Paar Handschuhe anziehen. Somit ist nur die innere Seite der Handschuhe nicht mehr steril, die er direkt auf seiner Haut trägt. Nach der ersten Operation soll er das obere Paar Handschuhe vorsichtig ausziehen und die zweite Operation in dem Paar machen, die von Anfang an auf ihm waren. Im nächsten Schritt sollte der Arzt das Paar nehmen, das er vor der zweiten Operation ausgezogen hat (das „obere" Paar), es auf die andere Seite drehen und auf das Paar anziehen, in der er von Anfang war bzw. die zweite Opera-

tion gemacht hat. Somit hat der Arzt auch bei der dritten Operation sterile Handschuhe und kann den Verletzten behandeln.

❢ Brainteaser 212: Mutter und Sohn (konzeptionelle Aufgabe)

Bei dieser Aufgabe geht es um die Erstellung einer Gleichung. Angenommen, dass x das jetzige Alter des Sohnes ist. Dann ist seine Mutter $3x$ Jahre alt. Vor zehn Jahren war der Sohn gerade $(x - 10)$ und die Mutter $(3x - 10)$ Jahre alt. Als Zusatzinformation liefert der Text, dass die Mutter vor zehn Jahren 7-mal älter als ihr Sohn war, also $7 \cdot (x - 10)$. Fügt man alle Informationen zusammen, so kommt man auf die folgende Gleichung:

$$(3x - 10) = 7 \cdot (x - 10)$$
$$3x - 10 = 7x - 70$$
$$4x = 60$$
$$x = 15$$

Somit ist der Sohn 15 Jahre und seine Mutter 45 Jahre alt.

❢ Brainteaser 213: Deutsche Städte (Folgen und Reihen)

Die ersten Buchstaben des jeweiligen Ortes repräsentieren die Vokale des deutschen Alphabets. Der fünfte fehlende Vokal ist u. Eine mögliche Stadt wäre Ulm oder Uelzen.

❢ Brainteaser 214: Zwei Seile (Trial-and-Error)

Torsten sollte zuerst beide Seile anzünden, wobei das erste Seil sowohl vorne als auch hinten und das zweite nur an einem Ende. Nach einer Stunde ist das erste Seil komplett abgebrannt. Von dem zweiten Seil ist nur noch die Hälfte übrig. In dem Moment, in dem das erste Seil abgebrannt ist, sollte Torsten das zweite Seil am anderen Ende anzünden. Nach 30 Minuten ist auch dieses Seil vollständig abgebrannt. Insgesamt sind nun 90 Minuten vergangen.

❢ Brainteaser 215: Tulpen im Wunderland (Fangfrage)
Täglich verdoppelt sich die Anzahl der Tulpen. Am 20. Tag ist das Wunderland voll mit Tulpen. Damit das Land am 20. Tag voll mit Blumen ist, muss ein Tag davor, also am 19. Tag, die Hälfte aller Tulpen vorhanden sein.

❢ Brainteaser 216: 5G für alte Leute (Querdenken)
Sehr schnelles Internet, kurze Zeit zum Herunterladen von Bildern und Videos, weniger Störungen bei Skype-Gesprächen, gute Geschwindigkeit beim Schauen von Filmen online.

❢ Brainteaser 217: Katzen in Deutschland (Schätzung)
Eine exakte Antwort gibt es nicht. Jedoch ist es möglich, die ungefähre Anzahl an Katzen herzuleiten. Die erste Möglichkeit ist, die gesamte Bevölkerung Deutschlands in drei Gruppen aufzuteilen: Einwohner mit keiner, einer und mehreren Katzen. Dann sollte man schätzen, wie viele Menschen und Katzen jede Gruppe hat. Die zweite Möglichkeit ist zu überlegen, wie viele Menschen auf eine Katze kommen. Aus eigener Erfahrung, Beobachtung oder den Medien kann man vermuten, dass eine Katze auf sieben oder acht Menschen in Deutschland kommt. Bei 83 Mio. Menschen sind es ca. 12 Mio. Tiere. Dazu kommen noch die Katzen, die auf der Straße, im Zirkus, Zoo, Tierheim oder sonstigen Einrichtungen wohnen. Man rechnet mit ca. 0,5 Mio. Katzen und kommt insgesamt auf 12,5 Mio. Tiere. Wenn man auf 13 Mio. Katzen hochrechnet, erhält man einen guten Schätzwert.

♥ Brainteaser 218: Pistolenschuss (Detektiv-Rätsel)

Olaf ist Theaterspieler. Laut dem Programm musste er im letzten Teil einer Performance von seinem Mitspieler erschossen werden. Beim Laden der Pistole kam es zum groben Fehler. Anstatt leere Kugeln hat man echte Kugeln genutzt. Da die Kollegen es nicht gewusst haben, habe sie gedacht, dass Olaf spielt. Deswegen haben sie nichts gemacht und nur darauf gewartet, dass er nach dem Aktschuss aufsteht. Als die Kollegen verstanden haben, dass es zum Fehler kam, war der Schauspieler schon tot.

♥ Brainteaser 219: Wohnung für einen Bekannten (Dilemma)

Einerseits ist die Entscheidung des Bekannten, unvollständige Angaben bei der Mieterselbstauskunft zu machen, falsch. Andererseits ist nicht bekannt, ob die Lage der anderen Personen so schlecht ist. Vielleicht ist es für den Bekannten aus persönlichen Gründen unangenehm, über die verschwiegene Information zu reden. Möglicherweise hat sich die andere Person aus eigener Schuld in die jetzige Lage versetzt. Es ist auch nicht ausgeschlossen, dass keine der beiden Personen die Wohnung erhält. Denkbar wäre, mit dem Freund über die jeweilige hilfsbedürftige Person zu sprechen und diese bei der Wohnungssuche zu unterstützen. Zudem könnte man mit der anderen Person sprechen, um zu erfahren, wie deren Lage ist. Natürlich besteht auch die Möglichkeit, sich gar nicht einzumischen, da die Wohnungsvergabe oft ungerecht abläuft. Stellt man die unterschiedlichen Optionen gegenüber, so sollte man in der Lage sein, eine logische Entscheidung bei diesem ethisch-moralischen Dilemma zu treffen und diese auch zu begründen.

♥ Brainteaser 220: Farbige Figuren (grafische Aufgabe)

Die Antwort ist das Bild E. Die Summe der oberen und mittleren linken Quader ergibt den unteren linken Quader. Das Gleiche ist auch beim oberen und mittleren Quader in der Mitte. So soll es auch bei der gesuchten Figur rechts der Fall sein. Nur muss man auch auf den korrekten Hintergrund achten. Da es im oberen Quader rechts die Wellen sind, die sich nach rechts bewegen, passt hier das Bild E.

Stichwortverzeichnis

© Springer Fachmedien Wiesbaden GmbH, ein Teil von
Springer Nature 2022
Y. Lantsuzovskyy, *Brainteaser für Anfänger und Fortgeschrittene*,
https://doi.org/10.1007/978-3-658-39342-7

Printed in the United States
by Baker & Taylor Publisher Services

Printed in the United States
by Baker & Taylor Publisher Services